Canon EOS 1300D
数码单反摄影技巧大全

FUN视觉 雷波 编著

化学工业出版社

·北京·

本书是一本全面解析 Canon EOS 1300D 强大功能、实拍设置技巧及各类拍摄题材实战技法的实用类书籍，将官方手册中没讲清楚的内容以及抽象的功能描述，以实拍测试、精美照片展示、文字详解的形式讲明白、讲清楚。

在相机功能及拍摄参数设置方面，本书不仅针对 Canon EOS 1300D 相机结构、菜单功能以及光圈、快门速度、白平衡、感光度、曝光补偿、测光模式、对焦模式、拍摄模式等设置技巧进行了详细的讲解，更有详细的菜单操作图示，即使是没有任何摄影基础的初学者也能够根据这样的图示，玩转相机的菜单及功能设置。

在镜头与附件方面，本书针对数款适合该相机配套使用的高素质镜头进行了详细点评，同时对常用附件的功能、使用技巧进行了深入的解析，以便各位读者有选择地购买相关镜头、附件，与 Canon EOS 1300D 配合使用拍摄出更漂亮的照片。

在实战技术方面，本书以大量精美的实拍照片，深入剖析了使用 Canon EOS 1300D 拍摄人像、风光、昆虫、鸟类、花卉、建筑等常见题材的技巧，以便读者快速提高摄影技能，达到较高的境界。

经验和解决方案是本书的亮点之一，本书精选了数位资深摄影师总结出来的大量关于 Canon EOS 1300D 的使用经验及技巧，这些来自一线摄影师的经验和技巧，能够帮助读者少走弯路，让您感觉身边时刻有“高手点拨”。本书还汇总了摄影爱好者初上手使用 Canon EOS 1300D 时可能会遇到的一些问题、出现的原因及解决方法，相信能够解决许多爱好者遇到这些问题求助无门的苦恼。

全书语言简洁，图示丰富、精美，即使是接触摄影时间不长的新手，也能够通过阅读本书在较短的时间内精通 Canon EOS 1300D 相机的使用并提高摄影技能，从而拍摄出令人满意的摄影作品。

图书在版编目(CIP)数据

Canon EOS 1300D 数码单反摄影技巧大全/FUN 视觉，雷波编著.
北京：化学工业出版社，2017.9
ISBN 978-7-122-30294-6

Ⅰ.①C… Ⅱ.①F… ②雷… Ⅲ.①数字照相机-单镜头反光照相机-摄影技术 Ⅳ.①TB86②J41

中国版本图书馆 CIP 数据核字（2017）第 174253 号

责任编辑：孙　炜　　　　装帧设计：王晓宇

出版发行：化学工业出版社（北京市东城区青年湖南街 13 号 邮政编码 100011）
印　　装：北京方嘉彩色印刷有限责任公司
787mm×1092mm　1/16　印张 9　字数 225 千字　2017 年 9 月北京第 1 版第 1 次印刷

购书咨询：010-64518888（传真：010-64519686）　售后服务：010-64518899
网　　址：http://www.cip.com.cn
凡购买本书，如有缺损质量问题，本社销售中心负责调换。

定　　价：59.80 元　

前 言

Canon EOS 1300D 是 Canon EOS 1200D 的升级产品，虽然是入门级的 APS-C 画幅单反相机，但其功能对于家庭用户已经足够，相机 1800 万的有效像素搭配 DIGIC 4+ 数字影像处理器，能够表现出照片的细节与靓丽色彩，相机还可以进行创意滤镜处理、Wi-Fi 无线即时传输、全高清视频拍摄等，并且可以安装使用佳能系列单反镜头，能够实现多样化的摄影乐趣。

本书是一本全面解析 Canon EOS 1300D 强大功能、实拍设置技巧及各类拍摄题材实战技法的实用类书籍，将官方手册中没讲清楚的内容以及抽象的功能，通过实拍测试及精美照片示例具体、形象地展现出来。在相机功能及拍摄参数设置方面，本书不仅针对 Canon EOS 1300D 相机结构、菜单功能以及光圈、快门速度、白平衡、感光度、曝光补偿、测光模式、对焦模式、拍摄模式等设置技巧进行了详细讲解，更有详细的菜单操作图示，即使是没有任何摄影基础的初学者也能够根据这样的图示，玩转相机的菜单及功能设置。

在镜头与附件方面，本书针对数款适合该系列相机配套使用的高素质镜头进行了详细点评，同时对常用附件的功能、使用技巧进行了深入的解析，以便各位读者有选择地购买相关镜头、附件，与 Canon EOS 1300D 相机配合使用拍摄出更漂亮的照片。

在实战技术方面，本书通过精美的实拍照片，深入剖析了使用 Canon EOS 1300D 相机拍摄人像、儿童、风光、动物、建筑等常见题材的技巧，以便读者快速提高摄影技能，达到较高的境界。

另外，本书精选了数位资深玩家总结出来的大量关于 Canon EOS 1300D 的使用经验及技巧，这些来自一线摄影师的经验和技巧，一定能够帮助各位读者少走弯路，让您感觉身边时刻有“高手点拨”。本书还总结了初学者在使用 Canon EOS 1300D 时经常遇到的一些问题，并一一进行了解答，省去了各位读者大量咨询、查阅的时间。

为了使阅读学习方式更符合媒体时代的特点，本书加入了视频学习二维码，这些视频均由专业摄影师讲解，内容丰富实用，阅读时通过手机扫码即可观看学习。

此外，本书还附赠以下 3 本电子书，同样可以通过扫码下载阅读学习，这无疑极大地提升了本书的性价比：

● 46 页《佳能流行镜头全解》电子书。

● 353 页《数码单反摄影常见问答 150 例》电子书。

● 100 页《时尚人像摄影摆姿宝典》电子书。

为了方便及时与笔者交流与沟通，欢迎读者朋友加入光线摄影交流 QQ 群（群 9：494765455，群 10：569081619，群 11：545094365）。关注我们的微博 http://weibo.com/leibobook 或微信公众号 FUNPHOTO，每日接收全新、实用的摄影技巧。也可以拨打我们的 400 电话 4008367388，与我们沟通交流。

本书是集体劳动的结晶，参与本书编著的还包括雷广田、苏鑫、徐涛、雷剑、范玉婵、刘志伟、王芬、苑丽丽、邓冰峰、赵程程、王磊、范德松、周会琼、范玉祥、庞小莲、庞元庭、范德芳、任洪伍、王德玲、王越鸣、范德润、王继荣、庞玮、张婷、王秀兰、范珊珊、李长松、杜青山、杜季等。

编 者

2017 年 6 月

佳能镜头

常见问答

摆姿宝典

微信公众号

Chapter 01

掌握 Canon EOS 1300D 从机身开始

Chapter 02

初上手一定要学会的菜单设置

Chapter 03

必须掌握的基本曝光设置

Chapter 04
灵活运用曝光模式拍出好照片

Chapter 05
拍出佳片必须掌握的高级曝光技巧

Chapter 06
Canon EOS 1300D 实时显示与高清视频拍摄技巧

Chapter 07

为 Canon EOS 1300D 选择合适的镜头

Chapter 08

用附件为照片增色的技巧

Chapter 09
Canon EOS 1300D 人像摄影技巧

Chapter 10
Canon EOS 1300D 风光摄影技巧

Chapter 11
Canon EOS 1300D 动物摄影技巧

Chapter 12
Canon EOS 1300D 建筑摄影技巧

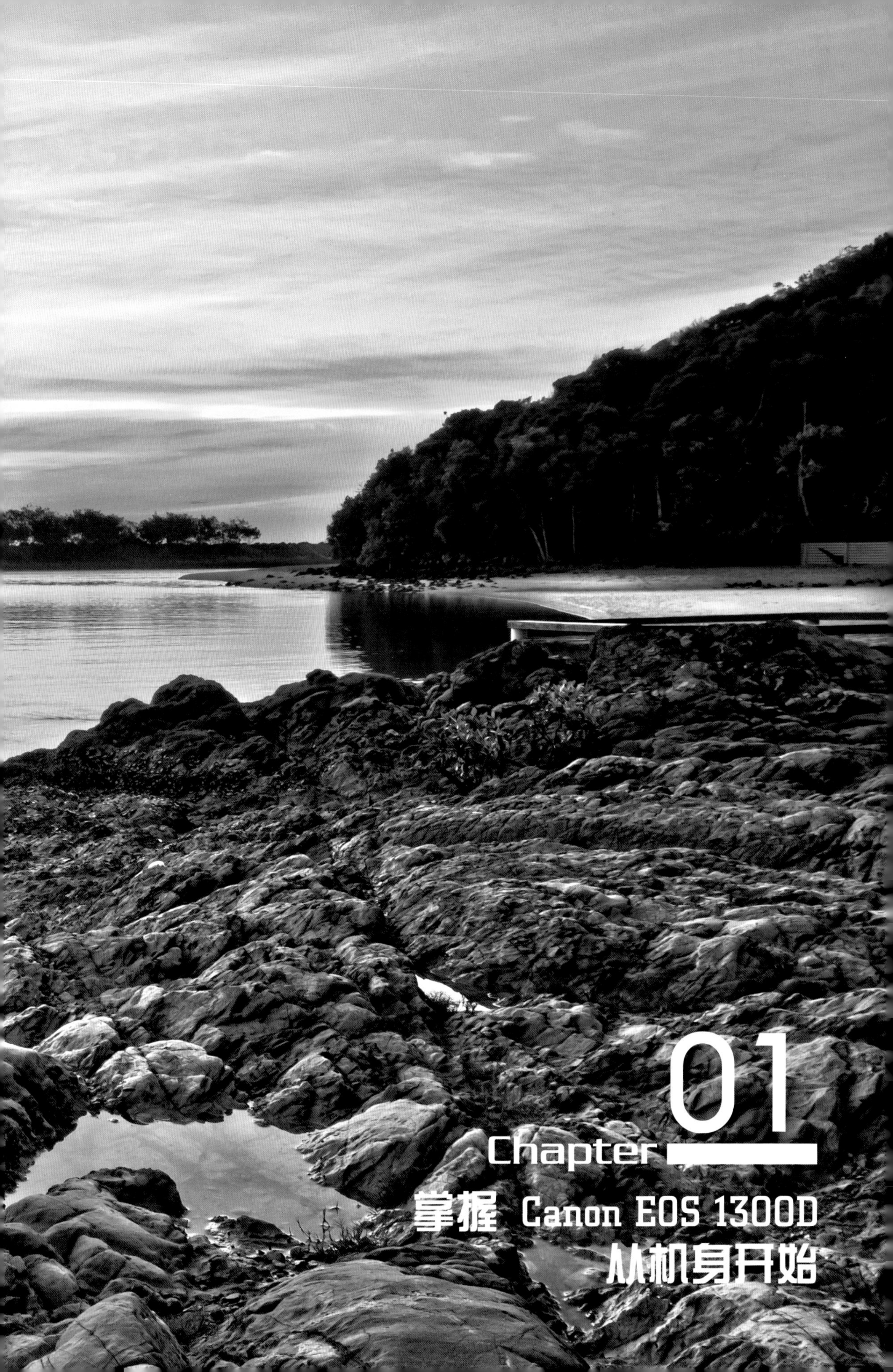

Chapter 01

掌握 Canon EOS 1300D 从机身开始

Canon EOS 1300D相机
正面结构

① 手柄

在拍摄时，用右手持握在此处。该手柄遵循人体工程学的设计，持握非常舒适

② 快门按钮

半按快门可以开启相机的自动对焦及测光系统，完全按下时完成拍摄。当相机处于省电状态时，轻按快门可以恢复工作状态

③ 减轻红眼/自拍指示灯

在菜单中选择减轻红眼功能后，该指示灯会亮起；当设置2s或10s自拍功能时，此灯会连续闪光进行提示

④ 反光镜

未拍摄时反光镜为落下状态；拍摄时反光镜会升起，并按照指定的曝光参数进行曝光。反光镜升起和落下时会产生一定的机震，尤其是使用1/30s以下的低速快门时更为明显，使用反光镜预升功能可以避免由于机震而导致的画面模糊

⑤ 镜头安装标志

将镜头上的颜色标志与机身上相同颜色的标志对齐，旋转镜头即可完成安装。红色标志为EF镜头的安装标记，白色标志为EF-S镜头的安装标志

⑥ 内置麦克风

在拍摄短片时，可以通过此麦克风录制音频

⑦ 镜头固定销

用于稳固机身与镜头之间的连接

⑧ 镜头释放按钮

用于拆卸镜头，按下此按钮并旋转镜头的镜筒，可将镜头从机身上取下来

⑨ 触点

用于相机与镜头之间传递信息。将镜头拆下后，请务必装上机身盖，以免刮伤电子触点

⑩ 镜头卡口

用于安装镜头，并与镜头之间传递距离、光圈、焦距等信息

Canon EOS 1300D相机

顶部结构

① 内置闪光灯/自动对焦辅助光发射器

按下闪光灯开启按钮后，内置闪光灯会向上弹起，并在拍摄时自动闪光。当使用相机的自动曝光模式时，如果环境的光线较弱，半按快门按钮时，内置闪光灯会短暂地发出闪光，照亮被摄体以易于自动对焦

② 扬声器

用于播放短片的录制声音

③ 热靴

用于外接闪光灯，热靴上的触点正好与外接闪光灯上的触点相合。也可以外接无线同步器，在有影室灯的情况下起引闪的作用

④ 闪光同步触点

用于相机与闪光灯之间传递焦距、测光等信息

⑤ 屈光度调节旋钮

对于近视又不想戴眼镜拍摄的用户，可以通过调整屈光度，使人眼在取景器中看到的影像是清晰的

⑥ 模式转盘

用于选择拍摄模式，包括场景模式、场景智能自动曝光模式、闪光灯禁用曝光模式、创意自动曝光模式以及 P、Tv、Av、M、短片等模式。使用时旋转模式转盘，使相应的模式图标对准左侧的小白线即可

⑦ 电源开关

用于控制相机的开启与关闭

⑧ 闪光灯按钮

在 P、Tv、Av、M 模式下，按下此按钮可以弹起内置闪光灯

⑨ 主拨盘

使用主拨盘可以设置快门速度、光圈、自动对焦模式、ISO 感光度等

Canon EOS 1300D相机

背面结构

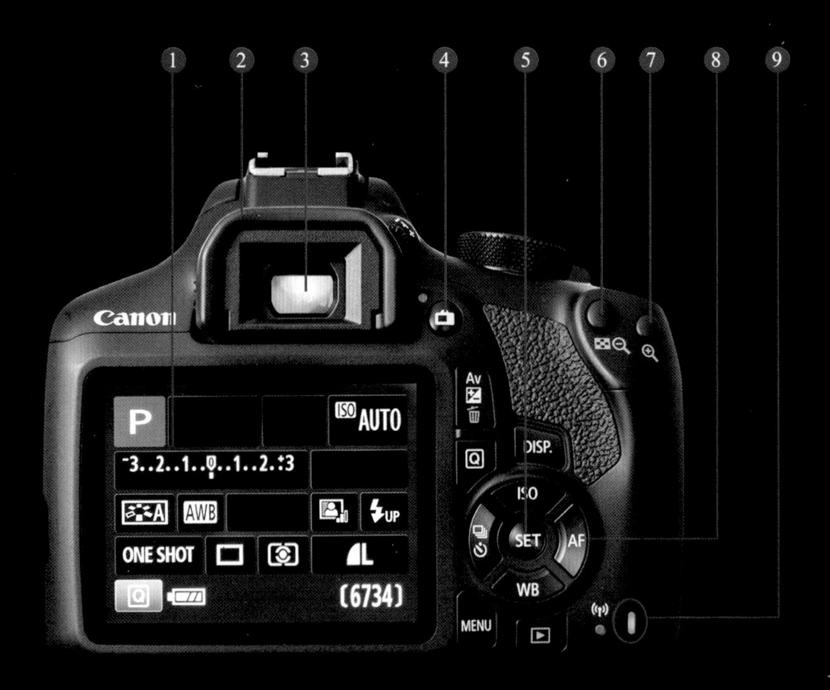

① 液晶屏

用于显示和控制菜单；回放和浏览照片；显示光圈、快门速度等各项参数设定。

② 眼罩

推眼罩的底部即可将其拆下

③ 取景器目镜

在拍摄时，可通过观察取景器目镜里面的景物进行取景构图

④ 实时显示拍摄/短片拍摄按钮

按下此按钮，相机将开启液晶屏取景拍摄模式，自动关闭光学取景器；当把模式转盘转至'■时，按下此按钮将开始录制视频，再次按下时将停止录制

⑤ 设置按钮

用于菜单功能选择的确认，类似于其他相机上的OK 按钮

⑥ 自动曝光锁/闪光曝光锁按钮/索引/缩小按钮

在拍摄模式下，按下此按钮可以锁定曝光或闪光曝光，从而可以以相同曝光值拍摄多张照片；在照片回放模式下，按下此按钮可以进行索引显示，按住此按钮可以缩小照片

⑦ 自动对焦点选择/放大按钮

在拍摄模式下，按下此按钮，可以激活自动对焦点选择状态，此时可以十字键来选择自动对焦点的位置；在照片回放模式下，按下此按钮可以放大照片

⑧ 自动对焦操作选择按钮/右方向键

按下此按钮可以快速进行自动对焦模式设置；在菜单和播放照片操作中，按下此按钮起到向右选择的操作

⑨ 数据处理指示灯

当相机在存储卡中存取照片时，此指示灯会亮起，此时最好不要关闭相机或取出存储卡

① 菜单按钮

用于启动相机内的菜单功能。在菜单中可以对图像画质、日期 / 时间等功能进行设置

② 驱动模式选择按钮/左方向键

按下此按钮可以快速进行驱动模式设置；在菜单和播放照片操作中，按下此按钮起到向右选择的操作

③ 速控按钮

按下此按钮后，可在液晶屏中显示并进行常用拍摄参数设置

④ 光圈/曝光补偿按钮/删除按钮

在 M 手动模式下，按下此按钮并转动主拨盘可调整光圈值，在 P、Tv、 Av 模式下，按下此按钮并转动主拨盘可调整曝光补偿值；在照片回放模式下，按下此按钮可以删除当前照片，照片一旦被删除，将无法恢复

⑤ DISP.显示按钮

按下此按钮可开启 / 关闭液晶屏信息显示；在菜单显示状态下，按下此按钮可以开启 / 关闭相机主要功能设置界面；在回放模式、实时显示拍摄模式以及短片模式下，每次按下此按钮，会依次切换信息显示

⑥ ISO感光度设置按钮/上方向键

按下此按钮并转动主拨盘，可以选择 ISO 感光度，不过，该功能只能在 P、Tv、Av、M 模 式 下 使 用，在其他曝光模式下，相机将自动选择 ISO 感光度数值；在菜单和播放照片操作中，按下此按钮起到向上选择的操作

⑦ 白平衡选择按钮

按下此按钮可以快速进行白平衡设置

⑧ Wi-Fi指示灯

当使用 Wi-Fi 功能连接到其他设备时，此指示灯会亮起，当与连接设备进行传输图像时，此指示灯会闪烁进行提示

⑨ 图像回放按钮

按下此按钮可以回放刚刚拍摄的照片，还可以使用机身右上角的两个按钮对照片进行放大或缩小。当再次按下此按钮时，可返回拍摄状态

Canon EOS 1300D相机

侧面结构

① 遥控端子

当将快门线 RS-60E3 连接到相机的遥控端子时，可以进行半按下和完全按下快门按钮操作

② N标志

本标记表示用于连接相机与启用 NFC 功能的智能手机的接触点

③ HDMI mini 输出端子

用 HDMI 线将相机与高清电视机连接起来，可以在电视机上查看图像

④ 数码端子

将相机连接至电视机以播放照片；连接至打印机可打印照片；连接至电脑，可以将照片输出至电脑

⑤ 直流电源线孔

用于插入另购的直流电连接器并连接交流电转换器为相机供电

Canon EOS 1300D相机

底部结构

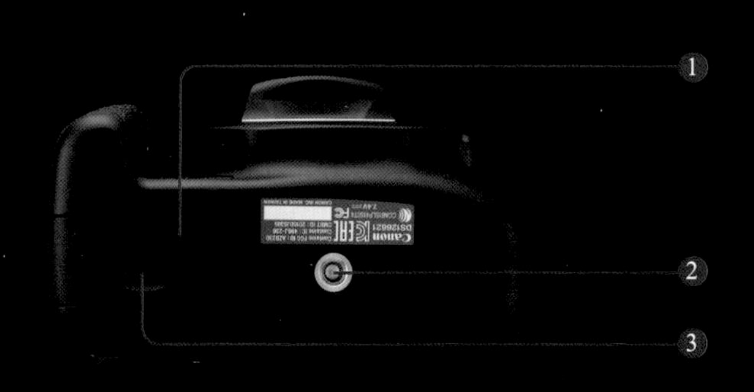

① 电池仓盖

用于安装和更换锂离子电池。安装电池时，应先移动电池仓盖释放杆，然后打开仓盖

② 脚架接孔

用于将相机固定在三脚架或独脚架上。顺时针转动脚架快装板上的旋钮，可将相机固定在脚架上

③ 电池仓盖释放杆

安装电池时，应先移动电池仓盖释放杆，然后打开仓盖

取景器信息

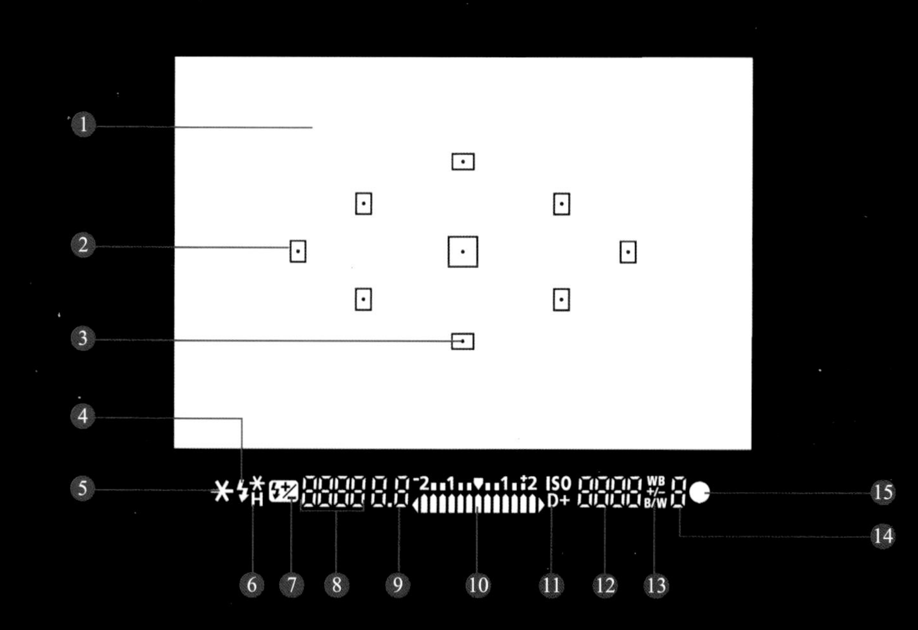

1 对焦屏
2 自动对焦点
3 自动对焦点激活指示
4 闪光灯准备就绪/错误闪光曝光锁警告
5 自动曝光锁/自动包围曝光进行中
6 高速同步（FP闪光）/ 闪光曝光锁/闪光包围曝光进行中
7 闪光曝光补偿
8 快门速度值/闪光曝光锁（FEL）/数据处理中（buSY）/内置闪光灯充电中（ϟ buSY）/没有存储卡警告（Card）/存储卡错误（Card）/存储卡已满警告（FuLL）
9 光圈值
10 曝光补偿量/自动包围曝光范围/减轻红眼灯开
11 高光色调优先
12 ISO感光度
13 单色拍摄
14 最大连拍数量
15 对焦指示

Canon EOS 1300D相机

速控屏幕信息

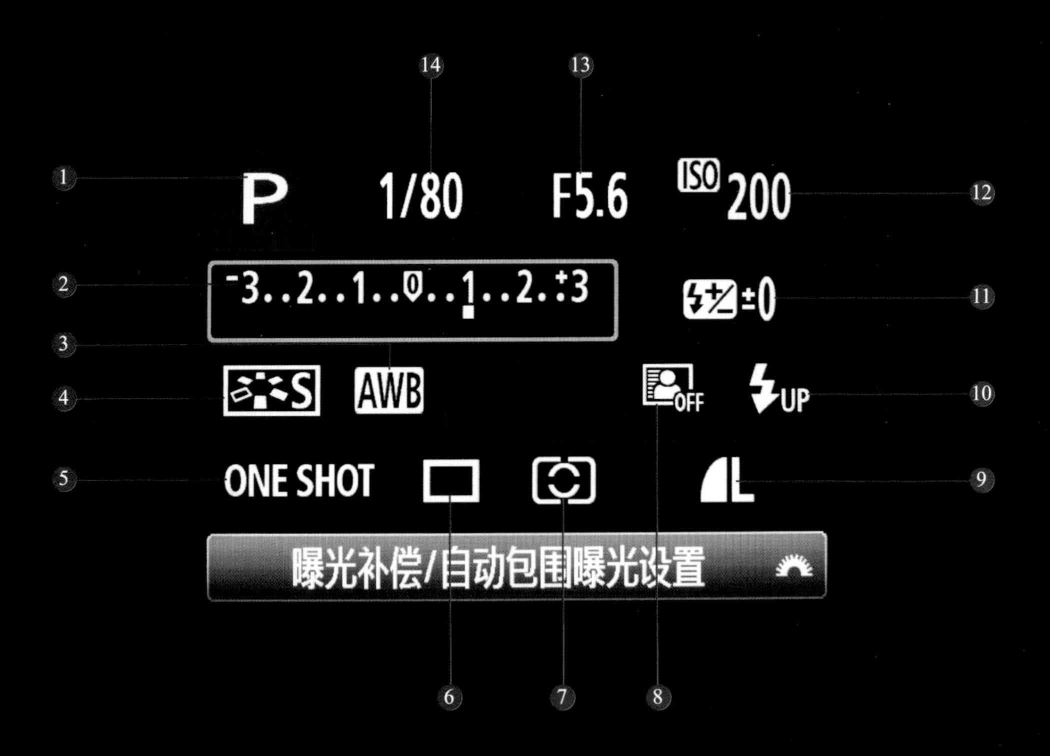

1. 拍摄模式
2. 曝光补偿/自动包围曝光设置
3. 白平衡
4. 照片风格
5. 自动对焦模式
6. 驱动模式
7. 测光模式
8. 自动亮度优化
9. 图像记录画质
10. 升起内置闪光灯
11. 闪光曝光补偿
12. ISO感光度值
13. 光圈值
14. 快门速度值

Chapter 02

初上手一定要学会的菜单设置

掌握相机参数设置方法

通过菜单设置相机参数

Canon EOS 1300D 的菜单功能非常丰富，熟练掌握与菜单相关的操作可以帮助我们更快速、准确地进行设置。

我们先来认识一下 Canon EOS 1300D 相机提供的菜单设置页，即位于菜单顶部的各个图标，从左到右依次为拍摄菜单、回放菜单、设置菜单及我的菜单★。在操作时，按下◀或▶方向键或转动主转盘可在各个设置页之间进行切换。

Canon EOS 1300D 作为入门级单反相机，只在背面提供了一块液晶屏，所有拍摄参数的查看与设置工作，都需要依靠这块机身背后的液晶屏来完成，如自动对焦模式、白平衡、照片风格、测光模式、图像画质等。

下面举例介绍通过菜单设置参数的操作流程。

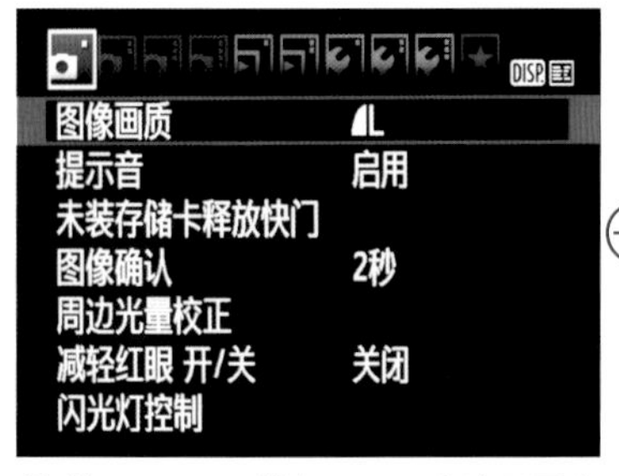

❶ 按下 MENU 按钮，即可在液晶屏中显示菜单设置页

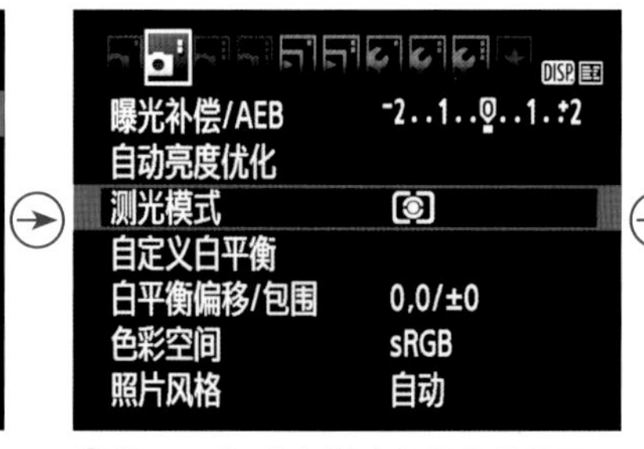

❷ 按下◀或▶方向键选择所需的设置页（此处以选择**拍摄菜单 2** 为例），按下▲或▼方向键选择要修改的项目（此处以选择**测光模式**为例），然后按下 SET 按钮即可进入其详细参数设置界面

❸ 按下◀或▶方向键选择所需的测光模式选项，然后按下 SET 按钮确定即可。（在这一步中，根据所选项目的不同，有些还需要按下▲或▼方向键或主拨盘进行选择）

利用速控屏幕设置拍摄参数

速控屏幕是指液晶屏显示参数的状态，在开机的情况下，按下机身背面的Q按钮显示速控屏幕。

利用速控屏幕设置这些常用拍摄参数的方法如下。

❶ 使用◄、►、▲、▼方向键选择要设置的功能，然后转动主拨盘修改设置。

❷ 如果在选择一个功能选项后，按下SET按钮，可以进入该功能的详细参数设置界面，可以转动主拨盘或按下◄、►方向键调整参数。

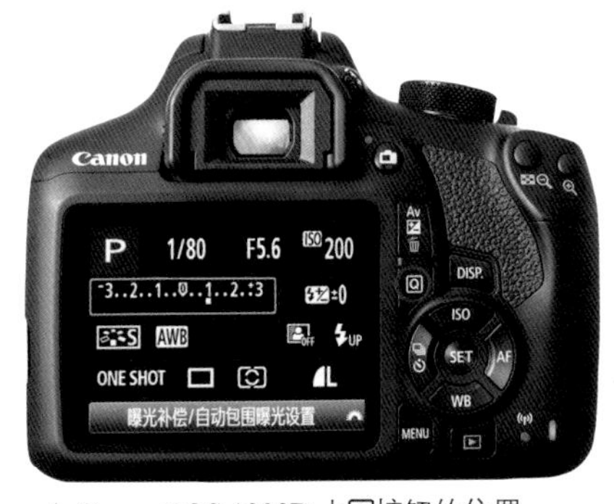

▲Canon EOS 1300D 上Q按钮的位置

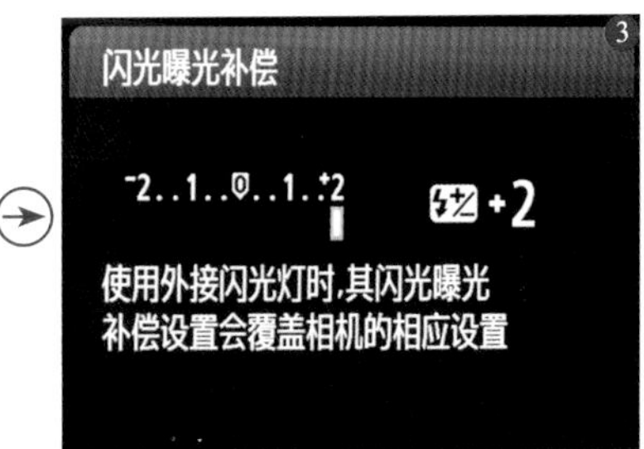

利用机身按钮设置拍摄参数

在 Canon EOS 1300D 相机上，对于特别常用的拍摄参数，例如白平衡、驱动模式、ISO 感光度、自动对焦模式等可以通过按下相应的机身按钮，在显示的详细参数设置界面中进行设置。

以设置 ISO 感光度为例，可以先按下 ISO 按钮（红圈所示的位置），在显示的具体参数设置界面中，按下◄、►方向键或转动主拨盘即可选择相应的数值。

▲利用机身按钮设置拍摄参数操作示意

◄ 熟悉相机各个按钮的操作方法，在拍摄时便能够快速地拍出好照片『焦距：50mm ¦ 光圈：F5.6 ¦ 快门速度：1/500s ¦ 感光度：ISO100』

设置相机显示参数

设置液晶屏的亮度

通常应将液晶屏的明暗调整到与最后的画面效果接近的亮度，以便于查看所拍摄照片的效果，并可随时调整相机设置，从而得到曝光合适的画面。

在环境光线较暗的地方拍摄时，为了方便查看，还可以将液晶屏的显示亮度调得低一些，不仅能够保证清晰显示照片，还能够节电。

设定步骤

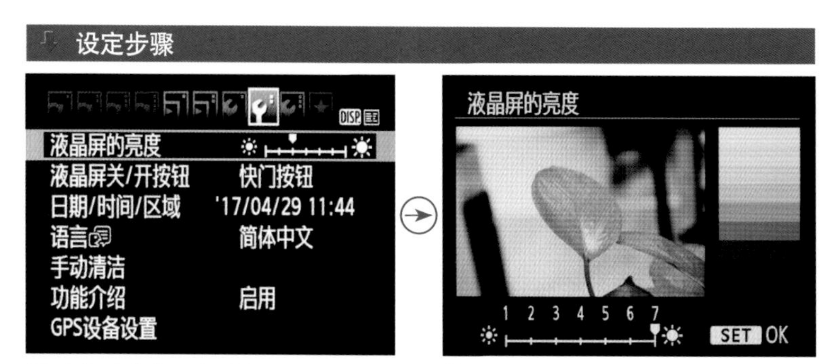

❶ 在**设置菜单 2** 中选择**液晶屏的亮度**选项

❷ 按下◀或▶方向键选择合适的亮度等级，然后按下 SET 按钮确认

高手点拨： 液晶屏的亮度可以根据个人的喜好进行设置。为了避免曝光错误，建议不要过分依赖液晶屏的显示，要养成查看柱状图的习惯。如果希望液晶屏中显示的照片效果与显示器中显示的效果接近或相符，可以在相机及电脑上浏览同一张照片，然后按照视觉效果调整相机液晶屏的亮度——当然，前提是我们要确认显示器显示的结果是正确的。

自动关闭电源节省电量

在“自动关闭电源”菜单中可以选择自动关闭电源的时间，在设置完成后，如果不操作相机，那么相机将会在设定的时间自动关闭电源，从而节约电池的电能。

- 30秒/1分/2分/4分/8分/15分：选择此选项，相机将会在选择的时间关闭电源。
- 关闭：选择此选项，即使在30分钟内不操作相机，相机也不会自动关闭电源。在液晶屏被自动关闭后，可以通过半按快门按钮唤醒相机。

设定步骤

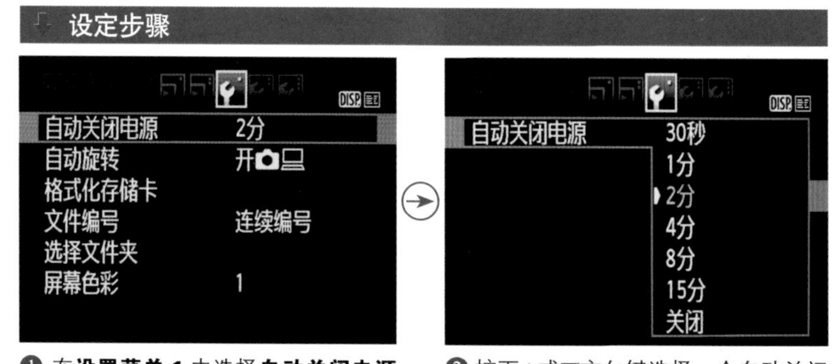

❶ 在**设置菜单 1** 中选择**自动关闭电源**选项

❷ 按下▲或▼方向键选择一个自动关闭电源的时间，然后按下 SET 按钮确认

高手点拨： 在实际拍摄中，可以将“自动关闭电源”设置为2~4分钟，这样既可以保证抓拍的即时性，又可以最大限度地节电。尤其是在耗电很快的低温环境下拍摄时，更要注意通过控制此参数的选项，来节省电量。

设置图像确认控制图像显示时长

为了方便拍摄后立即查看拍摄结果，可在“图像确认”菜单中设置拍摄后液晶屏显示图像的时间长度。

- 关：选择此选项，则拍摄完成后相机不自动显示图像。
- 2秒/4秒/8秒：选择不同的选项，可以控制相机显示图像的时长。
- 持续显示：选择此选项，则拍摄完成后相机将保持图像的显示状态，直到自动关闭电源为止。

高手点拨：一般情况下，2秒已经足够作出曝光准确与否的判断了。当电量不足时，建议将其设置为“关”。在图像确认的时候，半按快门可以直接返回拍摄状态。如果需要在光线变化大的环境下通过连拍的方式抓拍运动对象，应该选择“关”选项。

设定步骤

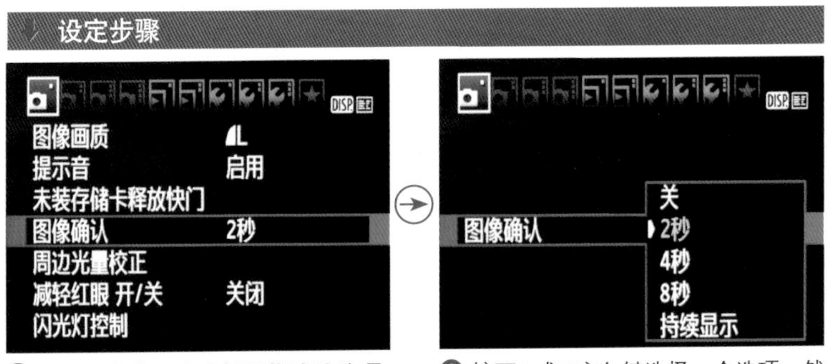

❶ 在**拍摄菜单 1** 中选择**图像确认**选项

❷ 按下▲或▼方向键选择一个选项，然后按下 SET 按钮确认

▲ 一般将图像确认时间设为 2 秒，以确认曝光是否合适『焦距：85mm ┆ 光圈：F2 ┆ 快门速度：1/1600s ┆ 感光度：ISO100』

设置自动旋转控制竖拍图像显示方向

当使用相机竖拍时，可以使用“自动旋转”功能将显示的图像旋转到竖直方向显示。

- 开📷💻：选择此选项，则在回放照片时，竖拍图像会在液晶屏和电脑上自动旋转为竖直方向显示。
- 开💻：选择此选项，则竖拍图像仅在电脑上自动旋转为竖直方向显示，而在液晶屏上仍以水平横向显示。
- 关：选择此选项，则照片不会自动旋转。

设定步骤

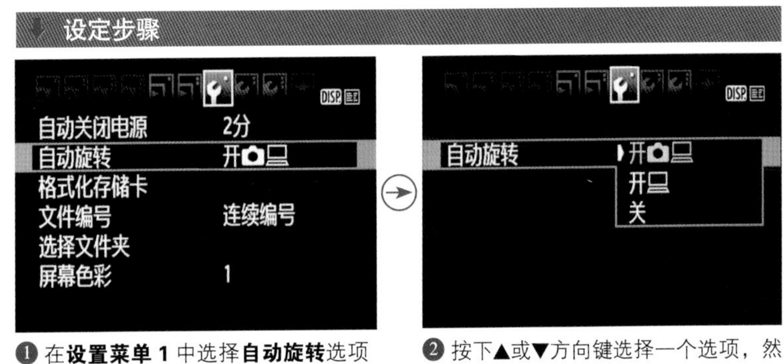

❶ 在**设置菜单 1** 中选择**自动旋转**选项

❷ 按下▲或▼方向键选择一个选项，然后按下 SET 按钮确认

设置影像存储参数

根据照片的用途设置画质

设置合适的分辨率为后期处理做准备

在设置图像的画质之前，应先了解一下图像的分辨率。图像的分辨率越高，制作大照片的质量就越理想，在计算机后期处理时裁剪的余地就越大，同时文件所占空间也就越大。Canon EOS 1300D 可拍摄图像的最大分辨率为 5184×3456，相当于 1800 万像素，因而拍摄的照片有很大的后期处理空间。

合理利用画质设定节省存储空间

在拍摄前，用户可以根据自己对画质的要求进行设定。在存储卡空间充足的情况下，最好使用最高分辨率拍摄，这样可以使拍摄的照片在放得很大时也很清晰。不过使用最高分辨率也存在缺点，因为使用最高分辨率拍摄时，图像文件过大，导致照片存储的速度会减慢，所以在进行高速连拍时，最好适当地降低分辨率。

设定步骤

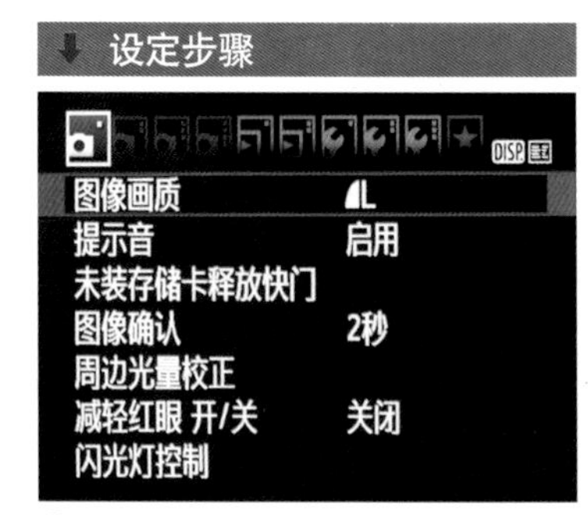

❶ 在**拍摄菜单 1** 中选择**图像画质**选项

❷ 按下▲或▼方向键选择所需要的画质选项，然后按下 SET 按钮确认

Q：**什么是 RAW 格式文件？**

A：简单地说，RAW 格式文件就是一种数码照片文件格式，包含了数码相机传感器未处理的图像数据，相机不会处理来自传感器的色彩分离的原始数据，仅将这些数据保存在存储卡上，这意味着相机将（所看到的）全部信息都保存在图像文件中。采用 RAW 格式拍摄时，数码相机仅保存 RAW 格式图像和 EXIF 信息（相机型号、所使用的镜头，以及焦距、光圈、快门速度等）。摄影师设定的相机预设值（例如对比度、饱和度、清晰度和色调等）都不会影响所记录的图像数据。

Q：**使用 RAW 格式拍摄的优点有哪些？**

A：使用 RAW 格式拍摄的优点如下：

- 可将相机中的许多文件处理工作转移到计算机上进行，从而可进行更细致的处理，包括白平衡调节，高光区、阴影区和低光区调节，以及清晰度、饱和度控制。对于非 RAW 格式文件而言，由于在相机内处理图像时，已经应用了白平衡设置，这种无损改变是不可能的。
- 可以使用最原始的图像数据（直接来自于传感器），而不是经过处理的信息，这毫无疑问将获得更好的效果。
- 可利用 14 位图片文件进行高位编辑，这意味着具有更多的色调，可以使最终的照片获得更平滑的梯度和色调过渡。在 14 位模式操作时，可使用的数据更多。

EOS 1300D

高手点拨：在存储卡的存储空间足够大的情况下，应尽量选择RAW格式进行拍摄，因为现在大多数软件都支持RAW格式，所以不建议使用RAW+L JPEG格式，以免浪费空间。如果存储卡空间比较紧张，可以根据所拍照片的用途等来选择JPEG格式或RAW格式。

Q：对于数码相机而言，是不是像素量越高画质越好？

A：很多摄影爱好者喜欢将相机的像素与成像质量联系在一起，认为像素越高则画质就越好，而实际情况可能正好相反。更准确地说，就是在数码相机感光元件面积确定的情况下，当相机的像素量达到一定数值后，像素量越高，则成像质量可能会越差。

究其原因，就要引出一个像素密度的概念。简单来说，像素密度即指在相同大小感光元件上的像素数量，像素数量越多，则像素密度就越高。直观地理解就是可将感光元件分割为更多的块，每一块代表一个像素，随着像素数量的继续增加，感光元件被分割为越来越小的块，当这些块小到一定程度后，可能会导致通过镜头投射到感光元件上的光线变少，并产生衍射等现象，最终导致画面质量下降。

因此，对于数码相机而言，不能一味追求超高像素。

▲ 中文版 Photoshop CS6 教学视频（上）

▲ 中文版 Photoshop CS6 教学视频（下）

设置照片的分辨率

分辨率是照片的重要参数，照片的分辨率越高，在电脑后期处理时裁剪的余地越大，同时文件所占空间也越大。

Canon EOS 1300D 可拍摄图像的最大分辨率为 5184×3456，相当于 1800 万像素，因而拍摄的照片有很大的后期处理空间。

Canon EOS 1300D 各种画质的像素、文件大小、可拍摄数量（依据佳能的 8GB 测试存储卡、3 ∶ 2 长宽比、ISO100、标准照片风格的测试标准）如下表所示。

图像画质			记录像素	文件尺寸（MB）	可拍摄数量	最大连拍数量
L	高画质	JPEG	1800 万	6.4	1110	1110
L				3.2	2190	2190
M	中等画质		800 万	3.4	2100	2100
M				1.7	4100	4100
S1	低画质		450 万	2.2	3270	3270
S1				1.1	6210	6210
S2			250 万	1.3	5440	5440
S3			35 万	0.3	21060	21060
RAW + L	高画质	RAW	1800 万	24.5+6.4	230	5
RAW				24.5	290	6

设置照片风格

使用预设照片风格

数码相机在记录图像之前，会在图像感应器的信号输出中对图像的色调、亮度以及轮廓进行电子修正处理。利用“照片风格”功能，可以在拍摄前设置所需的修正参数。如果在拍摄照片前已经根据需要设置了合适的照片风格，则无需在拍摄后再使用后期处理软件编辑图像，从而避免使用后期处理软件转存图像文件时出现的图像质量下降问题。

Canon EOS 1300D 提供了自动、标准、人像、风光、中性、可靠设置、单色 7 种预设照片风格。

- 自动：使用此风格拍摄时，色调将自动调节为适合拍摄场景，尤其是拍摄蓝天、绿色植物以及自然界的日出和日落场景时，色彩会显得更加生动。
- 标准：此风格是最常用的照片风格，使用该风格拍摄的照片画面清晰，色彩鲜艳、明快。
- 人像：使用该风格拍摄人像时，人的皮肤会显得更加柔和、细腻。
- 风光：此风格适合拍摄风光，对画面中的蓝色和绿色有非常好的展现。
- 中性：此风格适合偏爱电脑图像处理的用户，使用该风格拍摄的照片色彩较为柔和、自然。
- 可靠设置：此风格也适合偏爱电脑图像处理的用户，当在 5200K 色温下拍摄时，相机会根据主体的颜色调节色彩饱和度。
- 单色：使用该风格可拍摄黑白或单色的照片。

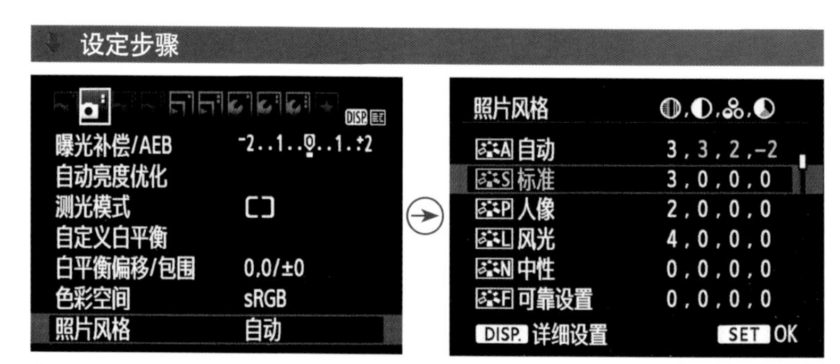

❶ 在**拍摄菜单 2** 中选择**照片风格**选项

❷ 按下▲或▼方向键选择所需要的照片风格，然后按下 SET 按钮确认

▲ 标准风格

▲ 人像风格

▲ 中性风格

▲ 可靠设置风格

▲ 风光风格

▲ 单色风格

高手点拨：在拍摄时，如果拍摄题材常有大的变化，建议使用“标准”风格，比如在拍摄人像题材后再拍摄风光题材时，这样就不会造成风光照片不够锐利的问题，属于比较中庸和保险的选择。

修改预设的照片风格参数

在前面讲解的预设照片风格中，用户可以根据需要修改其中的参数，以满足个性化的需求。在选择某一种照片风格后，按下机身上的INFO.按钮即可进入其详细设置界面。

设定步骤

❶ 在**拍摄菜单 2** 中选择**照片风格**选项

❷ 按下▲或▼方向键选择需要修改的照片风格，然后按下 DISP. 按钮

❸ 按下▲或▼方向键选择要修改的选项，然后按下 SET 按钮

❹ 按下◀或▶方向键调整数值，然后按下 SET 按钮确认

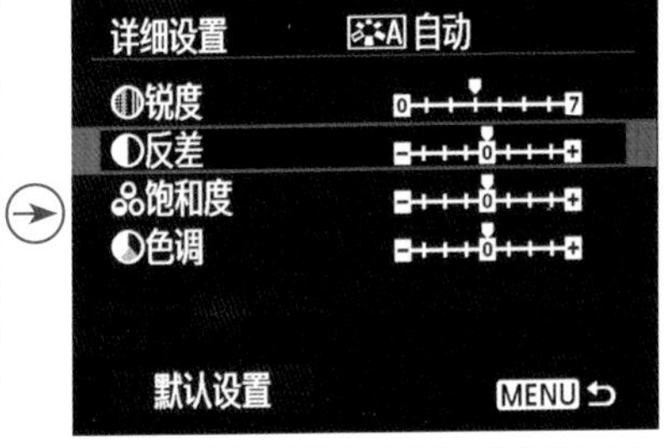

❺ 可依次修改其他选项，设置完成后按下 MENU 按钮保存已修改的参数

● 锐度：控制图像的锐度。在“强度”选项中，向 0 端靠近则降低锐化的强度，图像变得越来越模糊；向 7 端靠近则提高锐度，图像变得越来越清晰。

▲ 设置锐化强度前（+0）后（+4）的效果对比

Q：为什么要使用照片风格功能?

A：数码相机在记录图像之前会在图像感应器的信号输出中对图像的色调、亮度及轮廓进行修正处理。使用照片风格功能，可以在拍摄前设置所需修正的照片风格。如果在拍摄照片前已经根据需要设置了合适的照片风格（例如，“人像”照片风格适合拍摄人物；“风光”照片风格适合拍摄天空和深绿色的树木等），则无须在拍摄后使用后期处理软件编辑图像，因为相机会记录所有的特性。该功能还可以防止使用后期处理软件转存图像文件时发生的图像质量下降问题。

EOS 1300D

● 反差：控制图像的反差及色彩的鲜艳程度。向⊟端靠近则降低反差，图像变得越来越柔和；向⊞端靠近则提高反差，图像变得越来越明快。

▲ 设置反差前（-1）后（+3）的效果对比

● 饱和度：控制色彩的鲜艳程度。向⊟端靠近则降低饱和度，色彩变得越来越淡；向⊞端靠近则提高饱和度，色彩变得越来越艳。

▲ 设置饱和度前（+0）后（+3）的效果对比

● 色调：控制画面色调的偏向。向⊟端靠近则越偏向于红色调；向⊞端靠近则越偏向于黄色调。

▲ 向左增加红色调与向右增加黄色调的效果对比

直接拍出单色照片

在“单色”风格下可以选择不同的滤镜效果及色调效果，从而拍出更有特色的黑白或单色照片。

在“滤镜效果”选项中，可选择无、黄、橙、红和绿等色彩，从而在拍摄过程中，针对这些色彩进行过滤，得到更亮的灰色甚至白色。

- N：无，没有滤镜效果的原始黑白画面。
- Ye：黄，可使蓝天更自然、白云更清晰。
- Or：橙，压暗蓝天，使夕阳的效果更强烈。
- R：红，使蓝天更暗、落叶的颜色更鲜亮。
- G：绿，可将肤色和嘴唇的颜色表现得很好，树叶的颜色更加鲜亮。

在“色调效果”选项中可以选择无、褐、蓝、紫、绿等单色调效果。

- N：无，没有偏色效果的原始黑白画面。
- S：褐，画面呈现褐色，有种怀旧的感觉。
- B：蓝，画面呈现偏冷的蓝色。
- P：紫，画面呈现淡淡的紫色。
- G：绿，画面呈现偏绿色。

设定步骤

照片风格
风光 4,0,0,0
中性 0,0,0,0
可靠设置 0,0,0,0
单色 3,0,N,N
用户定义1 自动
用户定义2 自动
DISP. 详细设置 SET OK

❶ 在**拍摄菜单2**中选择**照片风格**选项，然后按下▲或▼方向键选择**单色**选项

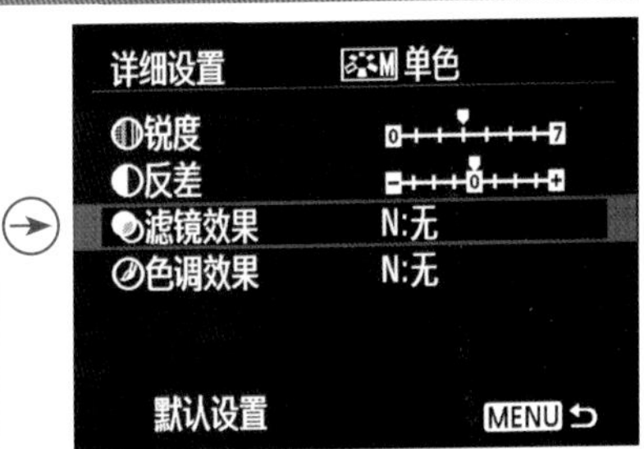

❷ 按下DISP.按钮进入此界面，然后按下▲或▼方向键选择**滤镜效果**选项

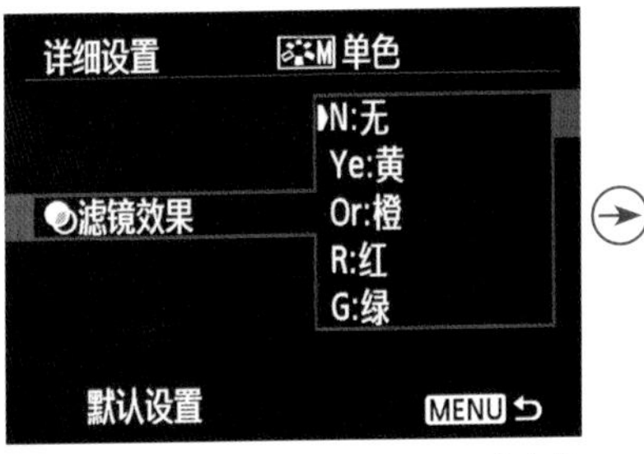

❸ 按下▲或▼方向键选择需要过滤的色彩

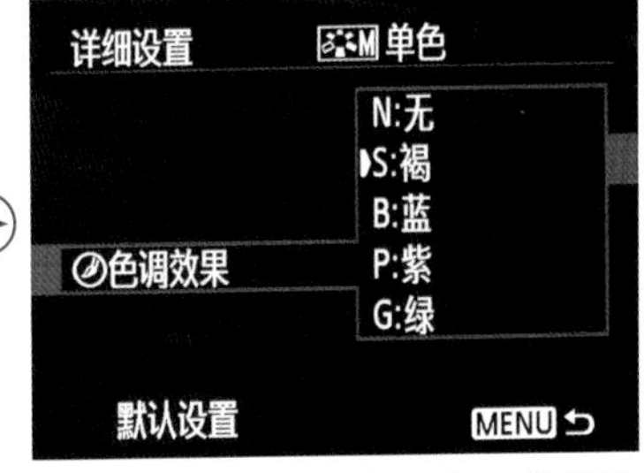

❹ 若在步骤❷中选择了**色调效果**选项，按下▲或▼方向键选择需要增加的色调效果

▲ 选择“单色”照片风格时拍摄的效果

▲ 设置“滤镜效果”为“绿”时拍摄的效果

▲ 选择“标准”照片风格时拍摄的效果

▲ 设置“色调效果”为“褐”时拍摄的单色照片效果

▲ 设置“色调效果”为“蓝”时拍摄的单色照片效果

随拍随赏——拍摄后查看照片

回放照片基本操作

在回放照片时，可以进行放大、缩小、显示信息、前翻、后翻以及删除照片等多种操作，下面通过图示来说明回放照片时进行各种操作的基本方法。

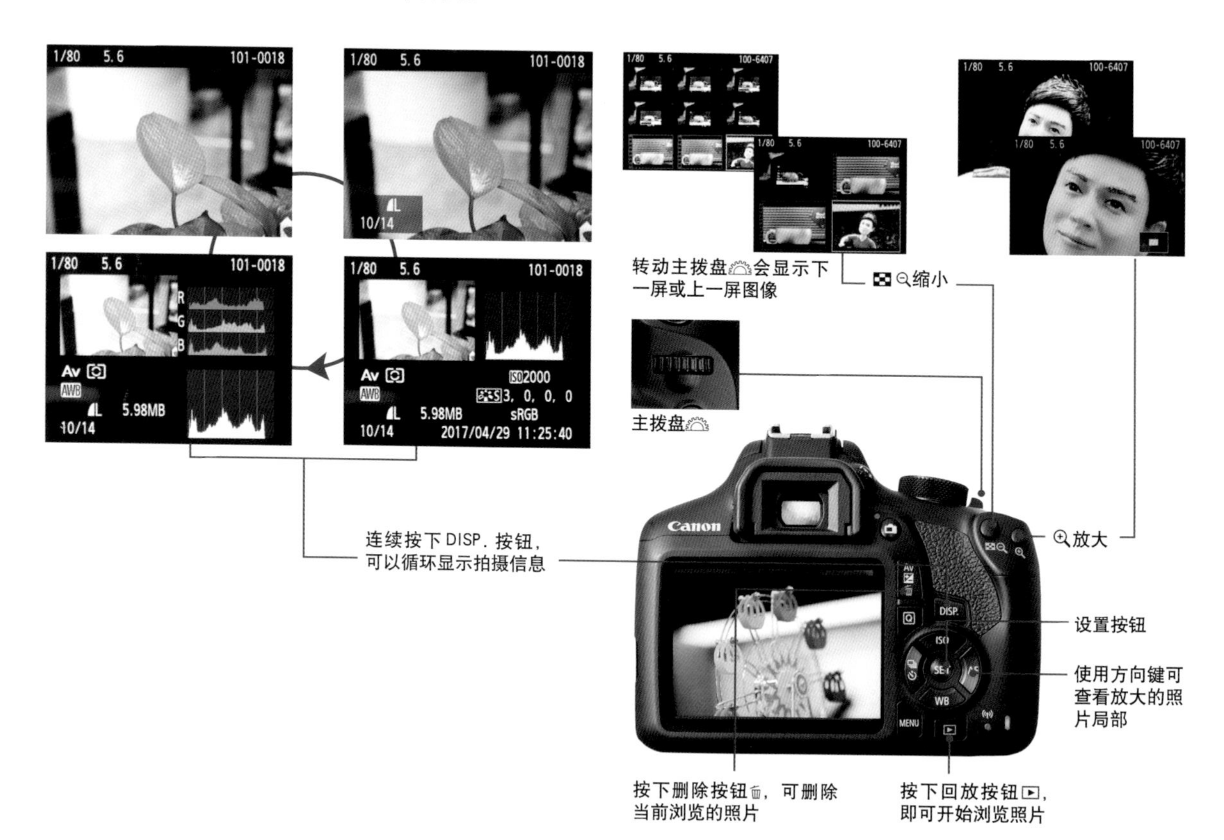

❶ 在回放图像时，按下放大按钮将放大图像。如果按住放大按钮，图像将不断被放大，直至达到最大放大倍率。

❷ 按下缩小按钮可缩小放大倍率。如果按住该按钮，放大的图像将缩小为单张图像显示。在单张图像显示的状态下，按下缩小按钮可以切换4张图像索引显示，再次按下缩小按钮，可以切换为9张图像索引显示。

❸ 使用▲、▼、◀、▶方向键可滚动显示放大的图像。按下回放按钮会恢复单张图像显示。

❹ 在放大显示时，可以转动主拨盘以相同放大倍率观看另一张图像。

Q：出现“无法回放图像”消息怎么办？

A：在相机中回放图像时，如果出现“无法回放图像”消息，可能有以下几方面原因。

- 存储卡中的图像已导入计算机并进行了编辑处理，然后又写回了存储卡。
- 正在尝试回放非佳能相机拍摄的图像。
- 存储卡出现故障。

保护图像

“保护图像”功能主要用于防止图像被误删，被保护的图像上方会显示一个钥匙形的标记。

- 选择图像：选择此选项，可手工选择一张或多张照片进行保护。
- 文件夹中全部图像：选择此选项，可选择某个文件夹进行保护。
- 解除对文件夹中全部图像的保护：选择此选项，则取消对某个文件夹中所有图像的保护。
- 存储卡中全部图像：选择此选项，则对整个存储卡中的图像进行保护。
- 解除对存储卡中全部图像的保护：选择此选项，则取消对整个存储卡中所有图像的保护。

设定步骤

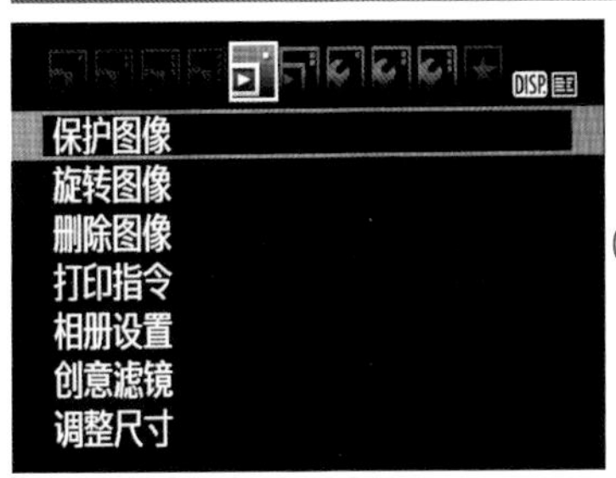

❶ 在**回放菜单 1** 中选择**保护图像**选项

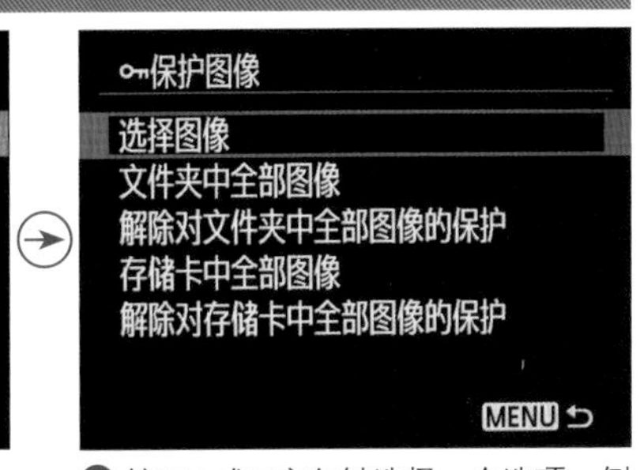

❷ 按下▲或▼方向键选择一个选项，例如选择**选择图像**选项

❸ 按下◀或▶方向键选择要保护的图像

❹ 按下 SET 按钮即可锁定当前图像，图像上将显示锁定图标

高手点拨：为了保护重要的照片，最好在拍摄后立即进行图像保护，以免被误删。

旋转图像

“旋转图像”功能主要用于在液晶屏上方便地浏览竖拍的照片。每次按下 SET 按钮时，图像会按 90° 、270° 、0° 的顺序顺时针进行旋转。

设定步骤

❶ 在**回放菜单 1** 中选择**旋转图像**选项

❷ 按下◀或▶方向键选择要旋转的照片

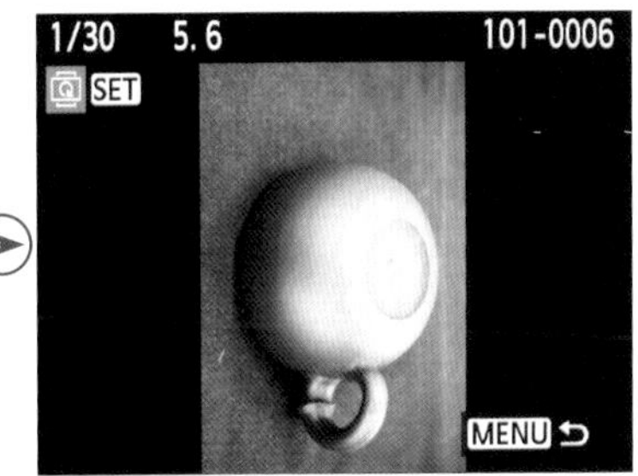

❸ 第 1 次按下 SET 按钮将顺时针旋转 90° ，第 2 次按下 SET 按钮将顺时针旋转 270° ，第 3 次按下 SET 按钮将恢复原始状态

高手点拨：如果在“设置菜单1”中选择了“自动旋转”选项，就无需对竖拍照片进行手动旋转了。虽然，在此功能处于开启状态下预览照片时，无需旋转相机即可查看竖画幅照片，但由于竖画幅照片会被压缩显示，因此，如果要查看照片的细节，这种显示方式并不可取。

用主拨盘进行图像跳转

通常情况下，可以使用主拨盘或十字键来跳转照片，但只支持每次一个文件（照片、视频等）的跳转。如果想按照其他方式进行跳转，则可以使用主拨盘并进行相关功能的设置，如每次跳转10张或100张照片，或者按照日期、文件夹来显示图像。

- ●：选择此选项并转动主拨盘时，将逐个显示图像。
- ●：选择此选项并转动主拨盘时，将跳转10张图像。
- ●：选择此选项并转动主拨盘时，将跳转100张图像。

设定步骤

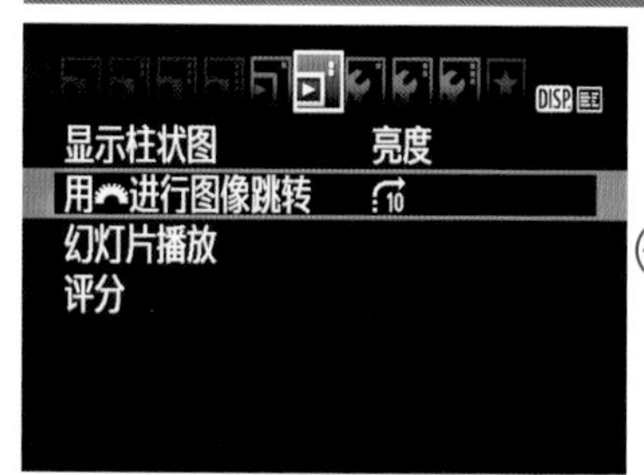

❶ 在**回放菜单2**中选择**用进行图像跳转**选项

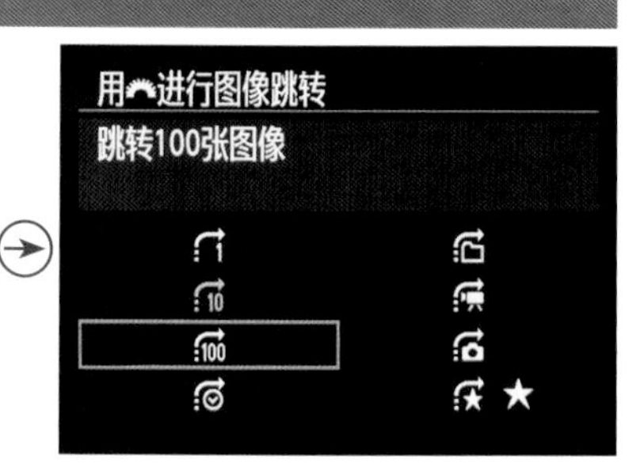

❷ 按下◀、▶、▲、▼方向键选择图像跳转的方式，如果选择了最后一个的评分选项，可以转动主拨盘选择评分等级，选择完成后按下SET按钮确认

- ●：选择此选项并转动主拨盘时，将按日期显示图像。
- ●：选择此选项并转动主拨盘时，将按文件夹显示图像。
- ●：选择此选项并转动主拨盘时，将只显示短片。
- ●：选择此选项并转动主拨盘时，将只显示静止图像。
- ●：选择此选项并转动主拨盘时，将按所选的图像评分显示图像。

删除图像

当希望释放存储卡的空间，或希望删除多余的照片时，可以利用此菜单删除一张、多张、某个文件夹中甚至整个存储卡中的照片。

设定步骤

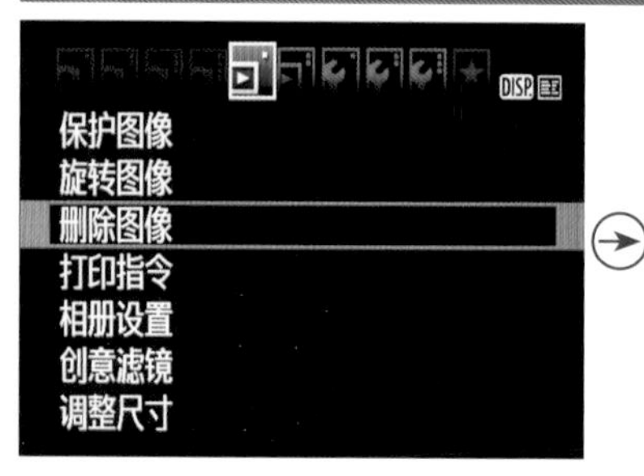

❶ 在**回放菜单1**中选择**删除图像**选项

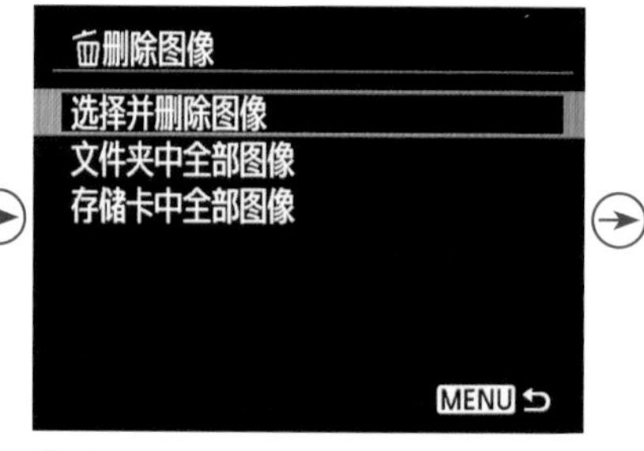

❷ 按下▲或▼方向键选择要删除照片的方式

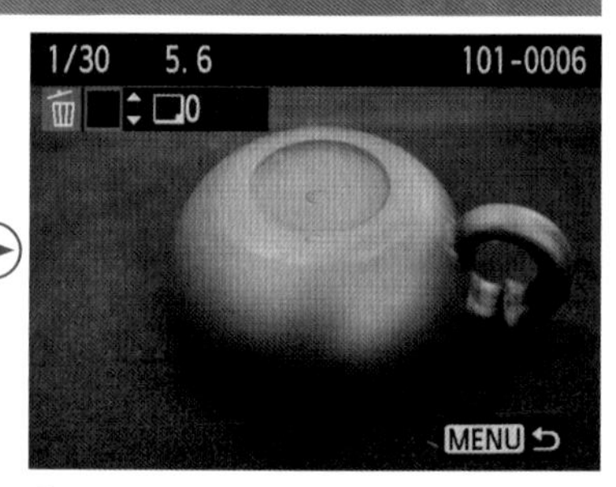

❸ 选择**选择并删除图像**选项时的界面状态

- ● 选择并删除图像：选择此选项，可选中单个或多个照片进行删除。
- ● 文件夹中全部图像：选择此选项，则可删除某个文件夹中的全部图像。
- ● 存储卡中全部图像：选择此选项，则可删除当前存储卡中的全部图像。

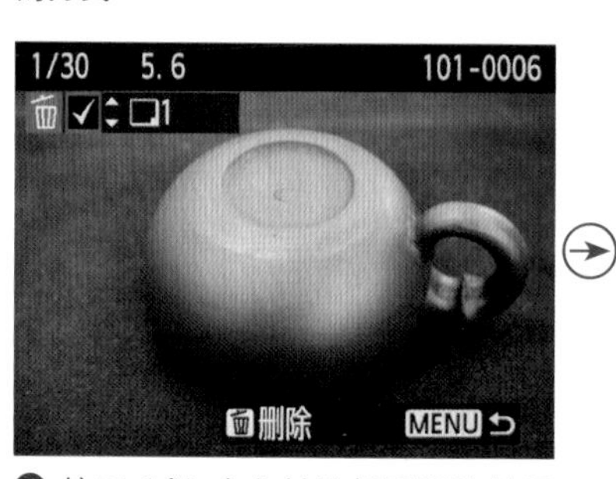

❹ 按下◀或▶方向键选择要删除的照片，按下▲或▼方向键添加勾选标记，选择完成后按下删除按钮确认

❺ 按下◀或▶方向键选择**确定**选项并按下SET按钮即可删除选定的照片

通过 Wi-Fi/NFC 进行无线连接

在智能手机上安装 Camera Connect

使用智能手机遥控 Canon EOS 1300D 相机时，需要在智能手机中安装 Camera Connect 程序。Camera Connect 可在 Canon EOS 1300D 相机与智能设备之间建立双向无线连接。可将使用相机所拍的照片下载至智能设备，也可以在智能设备上显示照相机镜头视野从而遥控照相机。

如果使用的是苹果手机，可从 AppStore 下载安装 Camera Connect 的 iOS 版本；如果所使用手机的操作系统是安卓系统，则可以从豌豆夹、91 手机助手等 APP 下载网站下载 Camera Connect 的安卓版本。

▲ Camera Connect 程序图标

启用 Wi-Fi/NFC 功能

在这个步骤中，要完成的任务是在相机中开启 Wi-Fi 或 NFC 功能。在“Wi-Fi/NFC”菜单中，选择“启用”选项，即可开启 Wi-Fi 功能，按下 DISP. 按钮勾选了“允许 NFC 连接”选项，将激活 NFC 连接功能，NFC 是近距离无线通讯技术的简称，当要连接的设备支持时，可以启用该选项。

设定步骤

❶ 在**设置菜单 3** 中选择 **Wi-Fi/NFC** 选项

❷ 按下◀或▶方向键选择**启用**选项，如果按下DISP.按钮则可以勾选**允许 NFC连接**选项

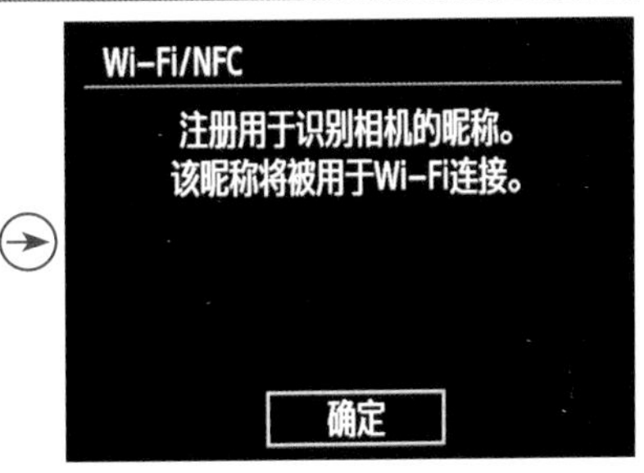

❸ 出现注册昵称提示框，按下SET按钮确认

❹ 按下Q按钮在上方输入框与下方的字符框之间切换，在下方字符框中，按下◀、▶、▲、▼方向键选择所需的字符，然后按下SET按钮输入字符，输入完成后按下MENU按钮确定

❺ 按下◀或▶方向键选择**确定**选项，然后按下SET按钮即可

设置要连接的设备

启用 Wi-Fi 后，还需要在相机上选择要连接的设备，这里讲解的是利用智能手机扫描 WLAN 网络进行连接的方法。对于支持 NFC 功能的智能手机，只要在“NFC”中选择了“开”选项，然后打开手机上的 NFC 功能，直接触碰相机的 NFC 标记处即可建立连接。

设定步骤

❶ 在**设置菜单3**中选择**Wi-Fi功能**选项

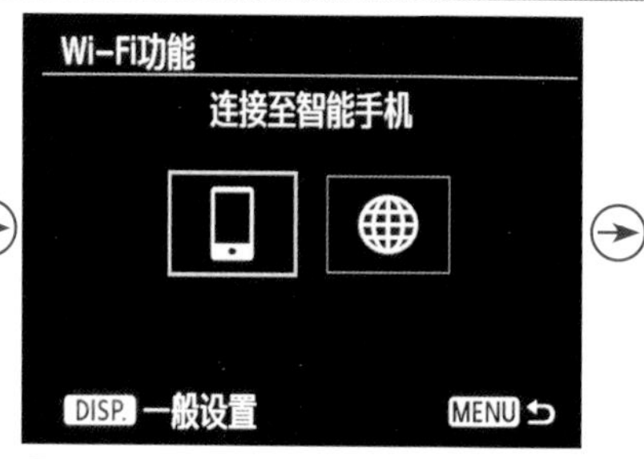

❷ 按下◀或▶方向键选择**连接至智能手机**选项

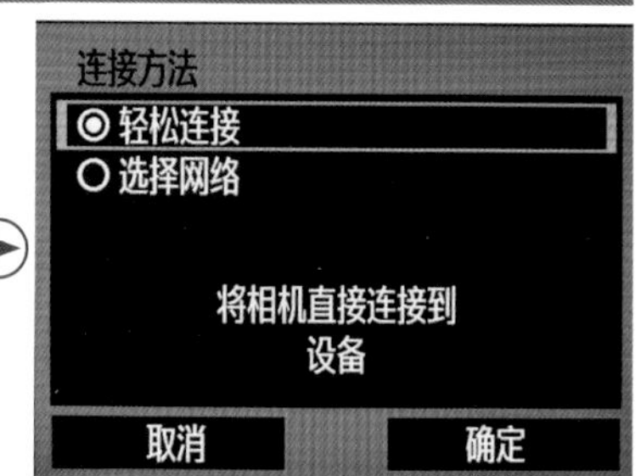

❸ 按下▲或▼方向键选择**轻松连接**，然后选择**确定**选项

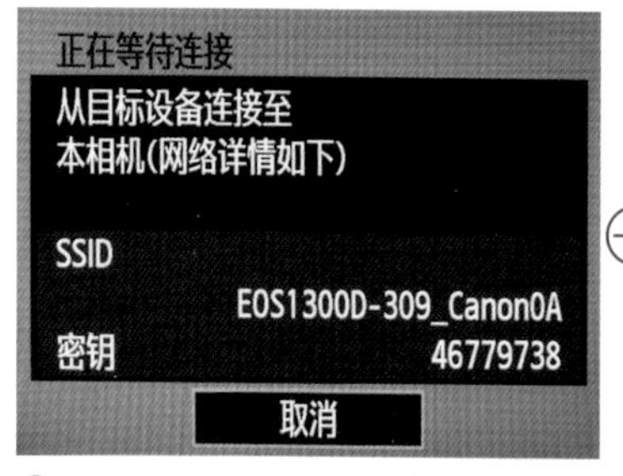

❹ 将显示相机的SSID和密码界面，此时需要操作手机进行连接

❺ 当与手机配对成功后，再在相机上选择**确定**并按下SET按钮确认

利用智能手机搜索无线网络

完成上述步骤的设置工作后，在这一步骤中需要启用智能手机的 Wi-Fi 功能，并搜索名为 EOS 1300D-309_Canono0A 的无线网络。

设定步骤

❶ 搜索到 EOS 1300D 的无线网络后，在密码输入框中输入相机上显示的 8 位密钥，然后点击加入

❷ 在密码输入框中输入相机上显示的 8 位密钥，然后点击加入

传输相机中的照片到手机

在成功建立连接后，即可通过 Camera Connect 软件，在智能手机上显示相机中的照片，还可以将照片传输至手机上，从而实现即拍即分享。

设定步骤

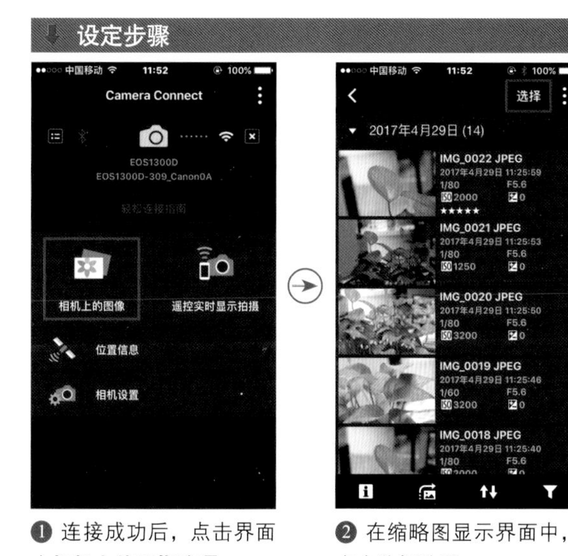

❶ 连接成功后，点击界面中**相机上的图像**选项

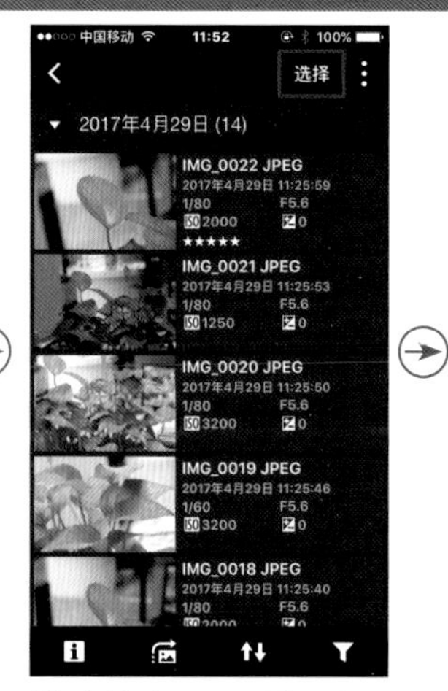

❷ 在缩略图显示界面中，点击选择选项

❸ 点击想要传输的照片缩略图，使其出现橙色勾选标志，然后点击屏幕下方的选项

❹ 将开始传输图像到手机，传输完成后即可通过移动网络将照片分享到微博、QQ 好友、微信朋友圈等

用智能手机进行遥控拍摄

使用 Wi-Fi 功能将 Canon EOS 1300D 相机连接到智能手机后，点击 Camera Connect 软件上的“遥控实时显示拍摄”即可启动实时显示遥控功能，智能手机屏幕将显示实时显示画面，用户还可以在拍摄前进行设置，如曝光模式、光圈、ISO、曝光补偿、驱动模式、手动对焦等参数。

设定步骤

❶ 在连接上相机 Wi-Fi 网络的情况下，点击软件界面中遥控实时显示拍摄选项

❷ 将实时显示图像，此时可以点击右上方的图标可以进入设置界面，进行拍前相关的设置

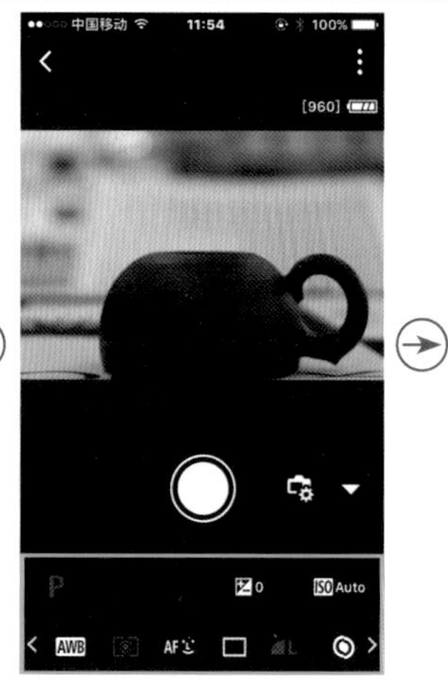

❸ 手机实时显示拍摄界面，此时可以点击底部蓝框中的各种图标设置相关参数

❹ 设置驱动模式的示例

Chapter 03

必须掌握的基本曝光设置

设置光圈控制曝光与景深

光圈的结构

光圈是相机镜头内部的一个组件，它由许多片金属薄片组成，金属薄片可以活动，通过改变它的开启程度可以控制进入镜头光线的多少。光圈开启越大，通光量就越多；光圈开启越小，通光量就越少。用户可以仔细对着镜头观察选择不同光圈时叶片大小的变化。

▲ 从镜头的底部可以看到镜头内部的光圈金属薄片

高手点拨：虽然光圈数值是在相机上设置的，但其可调整的范围却是由镜头决定的，即镜头支持的最大及最小光圈，就是在相机上可以设置的上限和下限。镜头支持的光圈越大，则在同一时间内就可以吸收更多的光线，从而允许我们在更弱光的环境中进行拍摄——当然，光圈越大的镜头，其价格也越贵。

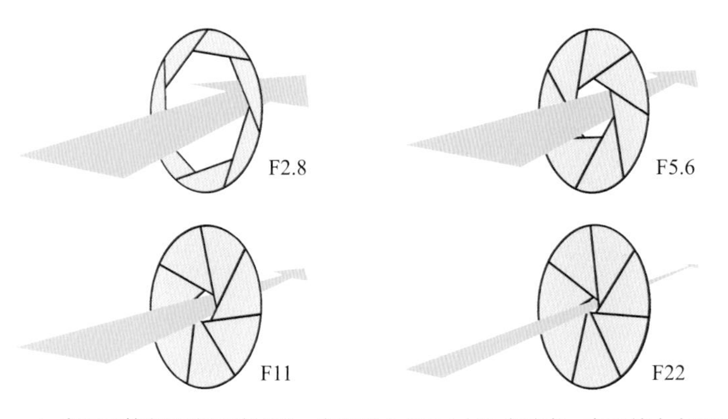

▲ 光圈是控制通光量的装置，光圈越大（F2.8）通光越多，光圈越小（F22），通光越少

▲ 佳能 EF 16-35mm F2.8 L Ⅱ USM　▲ 佳能 EF 85mm F1.2 L Ⅱ USM　▲ 佳能 EF 28-300mm F3.5-5.6 L IS USM

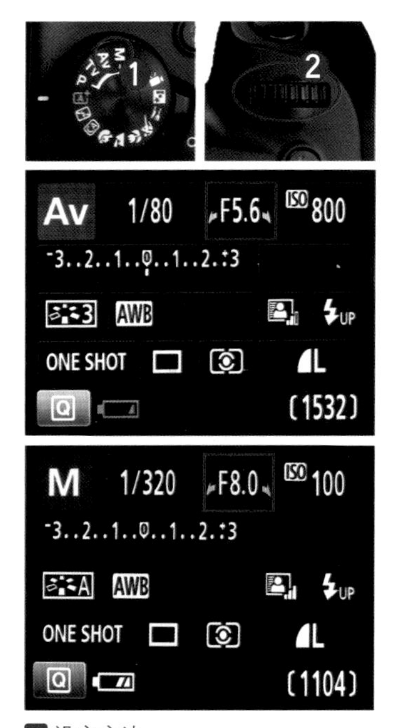

设定方法

在使用 Av 挡光圈优先曝光模式拍摄时，可通过转动主拨盘来调整光圈；在使用 M 挡全手动曝光模式拍摄时，则是按住Av按钮并旋转主拨盘来调整光圈。

在上面展示的 3 款镜头中，佳能 EF 85mm F1.2 L Ⅱ USM 是定焦镜头，其最大光圈为 F1.2；佳能 EF 16-35mm F2.8 L Ⅱ USM 为恒定光圈的变焦镜头，无论使用那一个焦段进行拍摄，其最大光圈都能够达到 F2.8；佳能 EF 28-300mm F3.5-5.6 L IS USM 是浮动光圈的变焦镜头，当使用镜头的广角端（28mm）拍摄时，最大光圈可以达到 F3.5，而当使用镜头的长焦端（300mm）拍摄时，最大光圈只能够达到 F5.6。

同样，上述 3 款镜头也均有最小光圈值，例如，佳能 EF 16-35mm F2.8 L Ⅱ USM 的最小光圈为 F22，佳能 EF 28-300mm F3.5-5.6 L IS USM 的最小光圈同样是一个浮动范围（F22~F38）。

光圈值的表现形式

光圈值用字母 F 或 f 表示，如 F8、f8（或 F/8、f/8）。常见的光圈值有 F1.4、F2、F2.8、F4、F5.6、F8、F11、F16、F22、F32、F36 等，光圈每递进一挡，光圈口径就不断缩小，通光量也逐挡减半。例如，F5.6 光圈的进光量是 F8 的两倍。

当前我们所见到的光圈数值还包括 F1.2、F2.2、F2.5、F6.3 等，这些数值不包含在光圈正级数之内，这是因为各镜头厂商都在每级光圈之间插入了 1/2 倍（F1.2、F1.8、F2.5、F3.5 等）和 1/3 倍（F1.1、F1.2、F1.6、F1.8、F2.2、F2.5、F3.2、F3.5、F4.5、F5.0、F6.3、F7.1 等）变化的副级数光圈，以便更加精确地控制曝光程度，使画面的曝光更加准确。

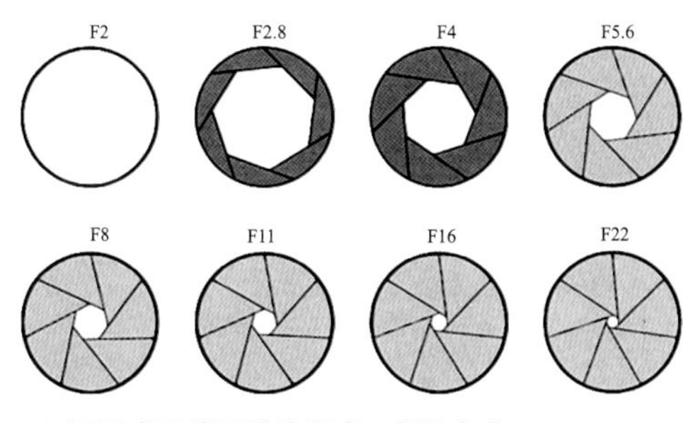

▲ 不同光圈值下镜头通光口径的变化

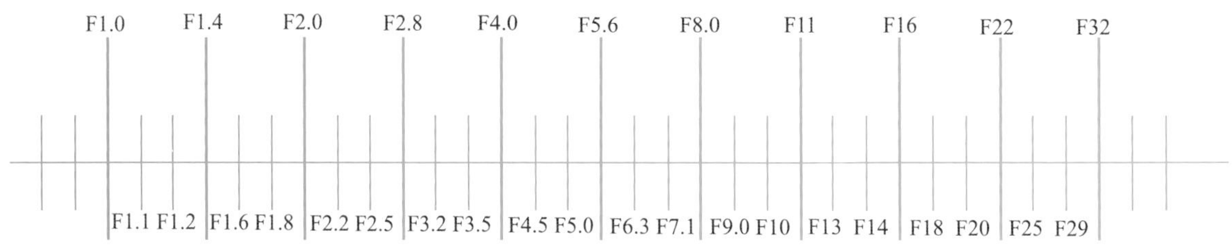

▲ 光圈级数刻度示意图，上排为光圈正级数，下排为光圈副级数

光圈对成像质量的影响

通常情况下，摄影师都会选择比镜头最大光圈稍小一至两挡的中等光圈，因为大多数镜头在中等光圈下的成像质量是最优秀的，照片的色彩和层次都有更好的表现。例如，一只最大光圈为 F2.8 的镜头，其最佳成像光圈为 F5.6 ~ F8。另外，也不能使用过小的光圈，因为过小的光圈会使光线在镜头中产生衍射效应，导致画面质量下降。

Q：什么是衍射效应？

A：衍射是指当光线穿过镜头光圈时，光在传播的过程中发生方向弯曲的现象。光线通过的孔隙越小，光的波长越长，这种现象就越明显。因此，在拍摄时光圈收得越小，在被记录的光线中衍射光所占的比例就越大，画面的细节损失就越多，画面就越不清楚。衍射效应对 APS-C 画幅数码相机和全画幅数码相机的影响程度稍有不同，通常 APS-C 画幅数码相机在光圈收小到 F11 时，就能发现衍射对画质产生了影响；而全画幅数码相机在光圈收小到 F16 时，才能够看到衍射对画质产生了影响。

EOS 1300D

▲ 使用镜头最佳光圈拍摄时，所得到的照片画质最理想『焦距：24mm ┆ 光圈：F10 ┆ 快门速度：1/100s ┆ 感光度：ISO200』

光圈对曝光的影响

在其他参数不变的情况下，光圈增大一挡，则曝光量提高一倍，例如光圈从 F4 增大至 F2.8，即可增加一倍的曝光量；反之，光圈减小一挡，则曝光量也随之降低一半。换句话说就是，光圈开启越大，则通光量就越多，所拍摄出来的照片就越明亮；光圈开启越小，则通光量就越少，所拍摄出来的照片就越暗淡。

下面是一组在焦距为 35mm、快门速度为 1/10s、感光度为 ISO6400 的特定参数下，只改变光圈值拍摄的照片。

▲ 光圈：F10

▲ 光圈：F9

▲ 光圈：F8

▲ 光圈：F7.1

▲ 光圈：F6.3

▲ 光圈：F5.6

▲ 光圈：F5

▲ 光圈：F4.5

▲ 光圈：F4

▲ 光圈：F3.5

▲ 光圈：F3.2

▲ 光圈：F2.8

从这一组照片中可以看出，当光圈从 F2.8 逐级缩小至 F10 时，由于通光量逐渐减少，因此拍摄出来的照片也逐渐变暗。

理解景深

简单来说，景深即指对焦位置前后的清晰范围。清晰范围越大，即表示景深越大；反之，清晰范围越小，即表示景深越小，此时画面的虚化效果就越好。

景深的大小与光圈、焦距及被摄对象与背景之间的距离这 3 个要素密切相关。

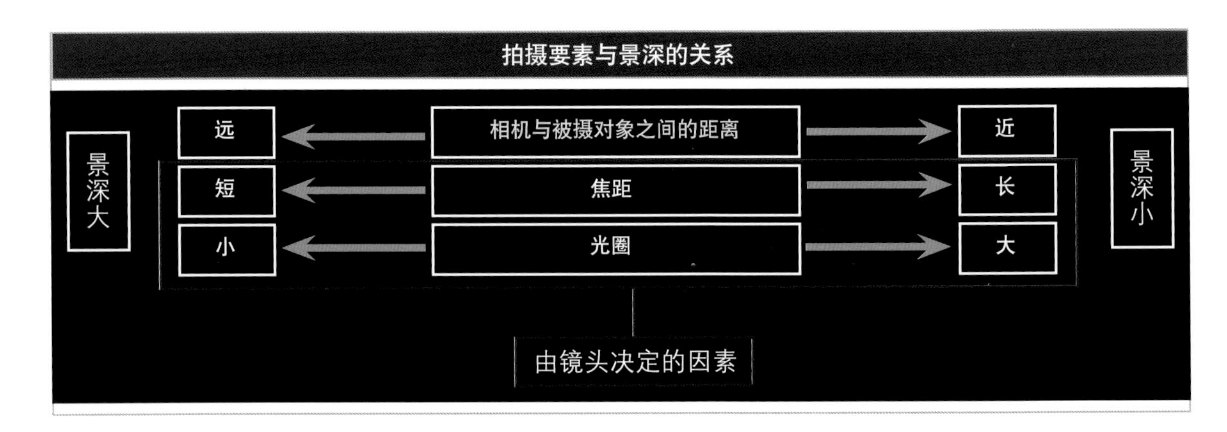

Q：景深与对焦点的位置有什么关系？

A：景深是指照片中某个景物的清晰范围。即当摄影师将镜头对焦于景物中的某个点并拍摄后，在照片中与该点处于同一平面的景物都是清晰的，而位于该点前方和后方的景物由于没有对焦，因此都是模糊的。但由于人眼不能精确地辨别焦点前方和后方出现的轻微模糊，因此这部分图像看上去仍然是清晰的，这种清晰的景物会一直在照片中向前、向后延伸，直至景物看上去变得模糊而不可接受，而这个可接受的清晰范围，就是景深。

Q：什么是焦平面？

A：如前所述，当摄影师将镜头对焦于某个点拍摄时，在照片中与该点处于同一平面的景物都是清晰的，而位于该点前方和后方的景物则都是模糊的，这个平面就是成像焦平面。如果摄影师的相机位置不变，当被摄对象在可视区域内沿焦平面水平运动时，成像始终是清晰的；但如果其向前或向后移动，则由于脱离了成像焦平面，因此会出现一定程度的模糊，模糊的程度与距焦平面的距离成正比。

▲ 对焦点在中间的财神爷玩偶上，但由于另外两个玩偶与其在同一个焦平面上，因此 3 个玩偶均是清晰的

▲ 对焦点仍然在中间的财神爷玩偶上，但由于另外两个玩偶与其不在同一个焦平面上，且拍摄时使用的光圈较大，因此另外两个玩偶均是模糊的

光圈对景深的影响

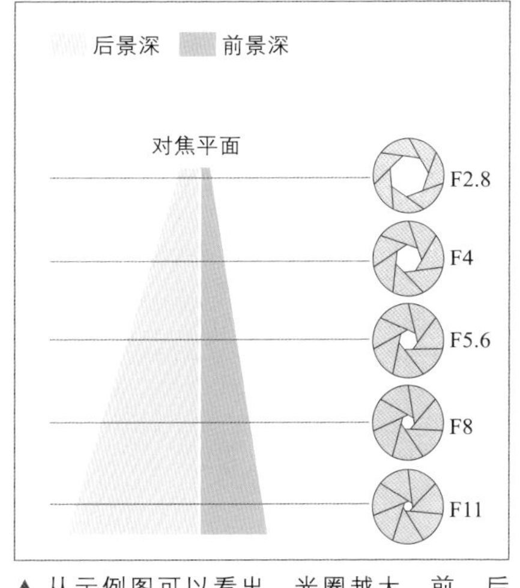

▲ 从示例图可以看出，光圈越大，前、后景深越小；光圈越小，前、后景深越大，其中，后景深又是前景深的两倍

光圈是控制景深（背景虚化程度）的重要因素。即在相机焦距不变的情况下，光圈越大，景深越小；反之，光圈越小，景深就越大。在拍摄时想通过控制景深来使自己的作品更有艺术效果，就要合理使用大光圈和小光圈。

在包括 Canon EOS 1300D 在内的所有数码单反相机中，都有光圈优先曝光模式，配合上面的理论，通过调整光圈数值的大小，即可拍摄不同的对象或表现不同的主题。例如，大光圈主要用于人像摄影、微距摄影，通过虚化背景来突出主体；小光圈主要用于风景摄影、建筑摄影、纪实摄影等，以便使画面中的所有景物都能清晰呈现。

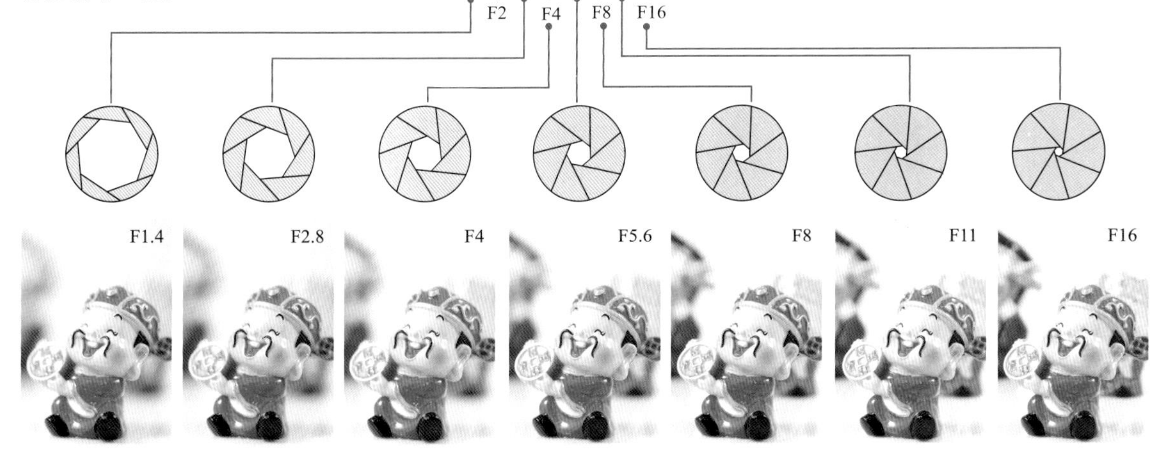

▲ 从示例图可以看出，当光圈从 F1.4 逐渐缩小到 F16 时，画面的景深逐渐变大。使用的光圈越小，画面背景处的玩偶就越清晰

焦距对景深的影响

在其他条件不变的情况下，拍摄时所使用的焦距越长，则画面的景深越小，即可以得到更强烈的虚化效果；反之，焦距越短，则画面的景深越大，越容易呈现前后都清晰的画面效果。

高手点拨： 对于定焦镜头来说，我们只能通过前后的移动来改变相对的“焦距”，即画面的取景范围，拍摄者越靠近被摄对象，就相当于使用了更长的焦距，此时同样可以得到更小的景深。

▲ 通过使用从广角到长焦的焦距拍摄的花卉对比可以看出，焦距越长，则主体越清晰，画面的景深越小

镜头与被摄对象的距离对景深的影响

在其他条件不变的情况下，拍摄者与被摄对象之间的距离越近，则越容易得到浅景深的虚化效果；反之，如果拍摄者与被摄对象之间的距离较远，则不容易得到虚化效果。

这点在使用微距镜头拍摄时体现得更为明显，当离被摄体很近的时候，画面中的清晰范围就变得非常浅。因此，在人像摄影中，为了获得较小的景深，经常采取靠近被摄者拍摄的方法。

下面为一组在所有拍摄参数都不变的情况下，只改变镜头与被摄对象之间距离时拍摄得到的照片。

▲ 镜头距离蜻蜓 100cm

▲ 镜头距离蜻蜓 80cm

▲ 镜头距离蜻蜓 70cm

▲ 镜头距离蜻蜓 40cm

通过左侧展示的一组照片可以看出，当镜头距离前景位置的蜻蜓越远时，其背景的模糊效果也越差；反之，镜头越靠近蜻蜓，则拍摄出来画面的背景虚化越明显。

背景与被摄对象的距离对景深的影响

在其他条件不变的情况下，画面中的背景与被摄对象的距离越远，则越容易得到浅景深的虚化效果；反之，如果画面中的背景与被摄对象位于同一个焦平面上，或者非常靠近，则不容易得到虚化效果。

▲ 玩偶距离背景 20cm

▲ 玩偶距离背景 10cm

▲ 玩偶距离背景 5cm

▲ 玩偶距离背景 0cm

左图所示为在所有拍摄参数都不变的情况下，只改变被摄对象与背景的距离拍摄的照片。

通过这一组照片可以看出，在镜头位置不变的情况下，玩偶距离背景越近，则其背景的虚化效果就越差。

设置快门速度控制曝光时间

快门与快门速度的含义

简单来说，快门的作用就是控制曝光时间的长短。在按动快门按钮时，从快门前帘开始移动到后帘结束所用的时间就是快门速度，这段时间实际上也就是电子感光元件的曝光时间。所以快门速度决定曝光时间的长短，快门速度越快，则曝光时间就越短，曝光量也就越少；快门速度越慢，则曝光时间就越长，曝光量也就越多。

▲ Canon EOS 1300D 相机的快门机构

快门速度的表示方法

快门速度以秒为单位，Canon EOS 1300D 作为入门级 APS-C 数码单反相机，其快门速度范围为 1/4000~30s，可以满足几乎所有题材的拍摄要求。

常见的快门速度有 30s、15s、8s、4s、2s、1s、1/2s、1/4s、1/8s、1/15s、1/30s、1/60s、1/125s、1/250s、1/500s、1/1000s、1/2000s、1/4000s 等。

快门速度对曝光的影响

如前面所述，快门速度的快慢决定了曝光量的多少，在其他条件不变的情况下，每一倍的快门速度变化，即代表了一倍曝光量的变化。例如，当快门速度由 1/125s 变为 1/60s 时，由于快门速度慢了一倍，曝光时间增加了一倍，因此总的曝光量也随之增加了一倍。从下面展示的一组照片中可以发现，在光圈与 ISO 感光度数值不变的情况下，快门速度越慢，则曝光时间越长，画面感光就越充分，所以画面也越亮。

下面是一组在焦距为 100mm、光圈为 F5、感光度为 ISO100 的特定参数下，只改变快门速度拍摄的照片。

设定方法

在使用 M 挡或 Tv 挡拍摄时，直接向左或向右转动主拨盘，即可调整快门速度数值。

▲ 快门速度：1/125s

▲ 快门速度：1/60s

▲ 快门速度：1/30s

▲ 快门速度：1/20s

通过这一组照片可以看出，在其他曝光参数不变的情况下，随着快门速度逐渐变低，进入镜头的光线也不断增多，因此所拍摄出来的画面也逐渐变亮。

影响快门速度的三大要素

影响快门速度的要素包括光圈、感光度及曝光补偿，它们对快门速度的影响如下。

- 感光度：感光度每增加一倍（例如从 ISO100 增加到 ISO200），感光元件对光线的敏锐度会随之增加一倍，同时，快门速度会随之提高一倍。
- 光圈：光圈每提高一挡（如从 F4 增加到 F2.8），快门速度可以提高一倍。
- 曝光补偿：曝光补偿数值每增加 1 挡，由于需要更长时间的曝光来提亮照片，因此快门速度将降低一半；反之，曝光补偿数值每降低 1 挡，由于照片不需要更多的曝光，因此快门速度可以提高一倍。

快门速度对画面效果的影响

快门速度不仅影响进光量，还会影响画面的动感效果。表现静止的景物时，快门的快慢对画面不会有什么影响，除非摄影师在拍摄时有意摆动镜头，但在表现动态的景物时，不同的快门速度就能够营造出不一样的画面效果。

右侧照片是在焦距、感光度都不变的情况下，分别将快门速度依次调慢所拍摄的。

对比这一组照片，可以看到当快门速度较快时，水流被定格成相对清晰的影像，但当快门速度逐渐降低时，流动的水流在画面中渐渐变为模糊的效果。

由上述可见，如果希望在画面中凝固运动对象的精彩瞬间，应该使用高速快门。拍摄对象的运动速度越高，采用的快门速度也要越快，以在画面中凝固运动对象的动作，形成一种时间静止效果。

如果希望在画面中表现运动对象的动态模糊效果，可以使用低速快门，以使其在画面中形成动态模糊效果，较好地表现出动态效果，按此方法拍摄流水、夜间的车灯轨迹、风中摇摆的植物、流动的人群，均能够得到画面效果流畅、生动的照片。

▲ 光圈：F22 快门速度：1/80s 感光度：ISO50

▲ 光圈：F22 快门速度：1/8s 感光度：ISO50

▲ 光圈：F22 快门速度：1/3s 感光度：ISO50

▲ 光圈：F22 快门速度：0.8s 感光度：ISO50

▲ 光圈：F22 快门速度：1s 感光度：ISO50

▲ 光圈：F22 快门速度：1.3s 感光度：ISO50

依据被摄对象的运动情况设置快门速度

在设置快门速度时，应综合考虑被摄对象的速度、被摄对象的运动方向，以及摄影师与被摄对象之间的距离这 3 个基本要素。

被摄对象的速度

根据不同的照片表现形式，拍摄时所需要的快门速度也不尽相同，比如抓拍物体运动的瞬间，需要较高的快门速度；而如果是跟踪拍摄，对快门速度的要求就比较低了。

▲ 以 1/100s 的快门速度跟拍赛道上飞驰的摩托车，背景产生了强烈的动感模糊效果『焦距：200mm ┊ 光圈：F14 ┊ 快门速度：1/100s ┊ 感光度：ISO100』

▲ 跟踪拍摄赛道上飞驰的赛车，地面上形成了许多条速度线，给画面带来了动感效果『焦距：200mm ┊ 光圈：F5.6 ┊ 快门速度：1/50s ┊ 感光度：ISO100』

被摄对象的运动方向

如果从运动对象的正面（通常是角度较小的斜侧面）拍摄，记录的主要是对象从小变大或相反的运动过程，其速度通常要低于从侧面拍摄；而从侧面拍摄才会感受到运动对象真正的速度，拍摄时需要的快门速度也就更高。

▲ 从侧面拍摄运动对象以表现其速度时，除了使用“陷阱对焦”方法外，通常都需要采用跟踪拍摄法进行拍摄『焦距：45mm ┊ 光圈：F5.6 ┊ 快门速度：1/640s ┊ 感光度：ISO100』

◀ 从正面或斜侧面拍摄运动对象时，速度感不强『焦距：45mm ┊ 光圈：F5.6 ┊ 快门速度：1/320s ┊ 感光度：ISO100』

与被摄对象之间的距离

无论是亲身靠近运动对象或是使用长焦镜头，离运动对象越近，其运动速度就相对越快，此时需要不停地移动相机。略有不同的是，如果是靠近运动对象，需要较大幅度地移动相机；若使用长焦镜头，则小幅度移动相机就可保证被摄对象一直处于画面之中。

从另一个角度来说，如果将视角变得更广阔一些，就不用为了将被摄对象融入画面中而费力地紧跟被摄对象了，比如使用广角镜头拍摄时，就更容易抓拍到被摄对象运动的瞬间。

▲ 广角镜头抓拍到的现场整体气氛『焦距：28mm ¦ 光圈：F9 ¦ 快门速度：1/640s ¦ 感光度：ISO200』

▲ 长焦镜头注重表现单个主体，对瞬间的表现更加明显『焦距：280mm ¦ 光圈：F7.1 ¦ 快门速度：1/640s ¦ 感光度：ISO200』

常见拍摄对象的快门速度参考值

以下是一些常见拍摄对象所需快门速度参考值，虽然在使用时并非一定要用快门优先曝光模式，但对各类拍摄对象常用的快门速度会有一个比较全面的了解。

快门速度（s）	适用范围
B 门	适合拍摄夜景、闪电、车流等。其优点是用户可以自行控制曝光时间，缺点是如果不知道当前场景需要多长时间才能正常曝光时，容易出现曝光过度或不足的情况，此时需要用户多做尝试，直至得到满意的效果
1~30	在拍摄夕阳、日落后以及天空仅有少量微光的日出前后时，都可以使用光圈优先曝光模式或手动曝光模式进行拍摄，很多优秀的夕阳作品都诞生于这个曝光区间。使用1~5s之间的快门速度，也能够将瀑布或溪流拍摄出如同棉絮一般的梦幻效果
1~1/2	适合在昏暗的光线下，使用较小的光圈获得足够的景深，通常用于拍摄稳定的对象，如建筑、城市夜景等
1/15~1/4	1/4s的快门速度可以作为拍摄成人夜景人像时的最低快门速度。该快门速度区间也适合拍摄一些光线较强的夜景，如明亮的步行街和光线较好的室内
1/30	在使用标准镜头或广角镜头拍摄时，该快门速度可以视为最慢的快门速度，但在使用标准镜头时，对手持相机的平稳性有较高的要求
1/60	对于标准镜头而言，该快门速度可以保证进行各种场合的拍摄
1/125	这一挡快门速度非常适合在户外阳光明媚时使用，同时也能够拍摄运动幅度较小的物体，如走动中的人
1/250	适合拍摄中等运动速度的拍摄对象，如游泳运动员、跑步中的人或棒球活动等
1/500	该快门速度已经可以抓拍一些运动速度较快的对象，如行驶的汽车、跑动中的运动员、奔跑中的马等
1/1000~1/4000	该快门速度区间已经可以用于拍摄一些极速运动的对象，如赛车、飞机、足球运动员、飞鸟及瀑布飞溅出的水花等

安全快门速度

简单来说，安全快门是指人在手持拍摄时能保证画面清晰的最低快门速度。这个快门速度与镜头的焦距有很大关系，即手持相机拍摄时，快门速度应不低于焦距的倒数。

比如当前焦距为 200mm，拍摄时的快门速度应不低于 1/200s。这是因为人在手持相机拍摄时，即使被摄对象待在原处纹丝未动，也可能因为拍摄者本身的抖动而导致画面模糊。

▼ 虽然是拍摄静态的玩偶，但由于光线较弱，致使快门速度低于了安全快门速度，所以拍摄出来的玩偶是比较模糊的『焦距：100mm ┆ 光圈：F2.8 ┆ 快门速度：1/50s ┆ 感光度：ISO200』

▲ 拍摄时提高了感光度数值，因此能够使用更高的快门速度，从而确保拍摄出来的照片很清晰『焦距：100mm ┆ 光圈：F2.8 ┆ 快门速度：1/160s ┆ 感光度：ISO800』

如果只是查看缩略图，两张照片之间几乎没有什么区别，但放大后查看照片的细节可以发现，当快门速度高于安全快门速度时，即使在相同的弱光条件下手持拍摄，也可将玩偶拍得很清晰。

防抖技术对快门速度的影响

佳能的防抖系统全称为 IMAGE STABILIZER，简写为 IS，目前最新的防抖技术可保证使用低于安全快门 4 倍的快门速度拍摄时也能获得清晰的影像。但要注意的是，防抖系统只是提供了一种校正功能，在使用时还要注意以下几点。

- 防抖系统成功校正抖动是有一定概率的，这还与个人的手持能力有很大关系，通常情况下，使用低于安全快门 2 倍以内的快门速度拍摄时，成功校正的概率会比较高。
- 当快门速度高于安全快门 1 倍以上时，建议关闭防抖系统，否则防抖系统的校正功能可能会影响原本清晰的画面，导致画质下降。
- 在使用三脚架保持相机稳定时，建议关闭防抖系统。因为在使用三脚架时，不存在手抖的问题，而开启了防抖功能后，其微小的震动反而会造成图像质量下降。值得一提的是，很多防抖镜头同时还带有三脚架检测功能，即它可以检测到三脚架细微震动造成的抖动并进行补偿，因此，在使用这种镜头拍摄时，则不应关闭防抖功能。

▲ 有防抖标志的佳能镜头

Q：IS 功能是否能够代替较高的快门速度？

A：虽然在弱光条件下拍摄时，具有 IS 功能的镜头允许摄影师使用更低的快门速度，但实际上 IS 功能并不能代替较高的快门速度。要想得到出色的高清晰度照片，仍然需要用较高的快门速度来捕捉瞬间的动作。不管 IS 功能有多么强大，使用高速快门才能够清晰捕捉到快速移动的被摄对象，这一原则是不会改变的。

防抖技术的应用

虽然防抖技术会对照片的画质产生一定的负面影响，但是在光线较弱时，为了得到清晰的画面，它又是必不可少的。例如，在拍摄动物时常常会使用 400mm 的长焦镜头，这就要求相机的快门速度必须保持在 1/400s 的安全快门速度以上，光线略有不足就很容易把照片拍虚，这时使用防抖功能几乎就成了唯一的选择。

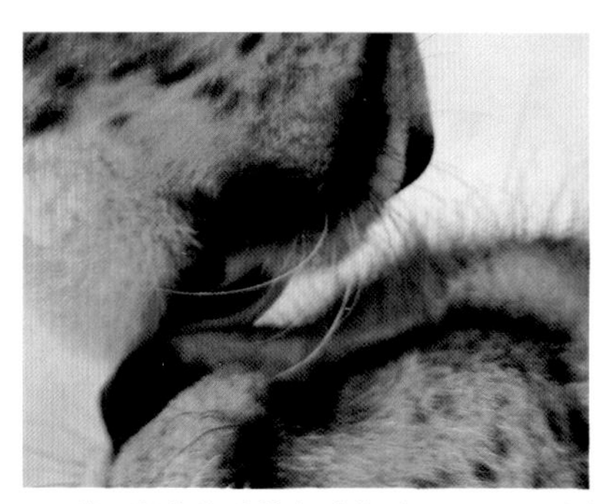

▲ 利用长焦镜头拍摄动物时，为了得到清晰的画面，开启了镜头的防抖功能，即使放大查看，毛发仍然很清晰『焦距：400mm ┆ 光圈：F6.3 ┆ 快门速度：1/250s ┆ 感光度：ISO400』

长时间曝光降噪功能

曝光的时间越长，则产生的噪点就越多，此时，可以启用长时间曝光降噪功能消减画面中的噪点。

- 关：选择此选项，在任何情况下都不执行长时间曝光降噪功能。
- 自动：选择此选项，当曝光时间超过1秒，且相机检测到噪点时，将自动执行降噪处理。此设置在大多数情况下有效。
- 开：选择此选项，在曝光时间超过1秒时即进行降噪处理，此功能适用于选择“自动”选项时无法自动执行降噪处理的情况。

设定步骤

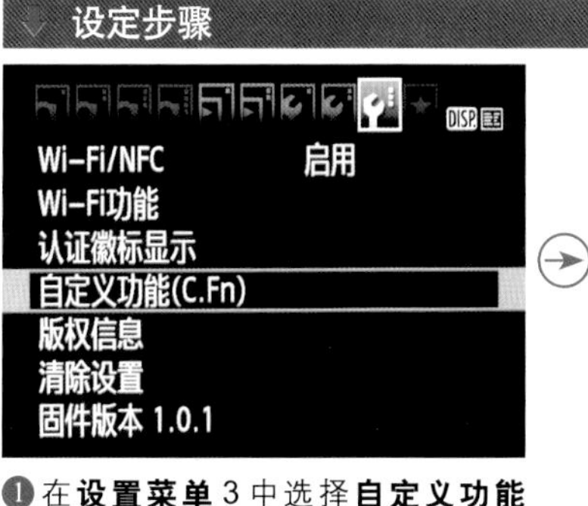

❶ 在**设置菜单**3中选择**自定义功能**(C.Fn)选项

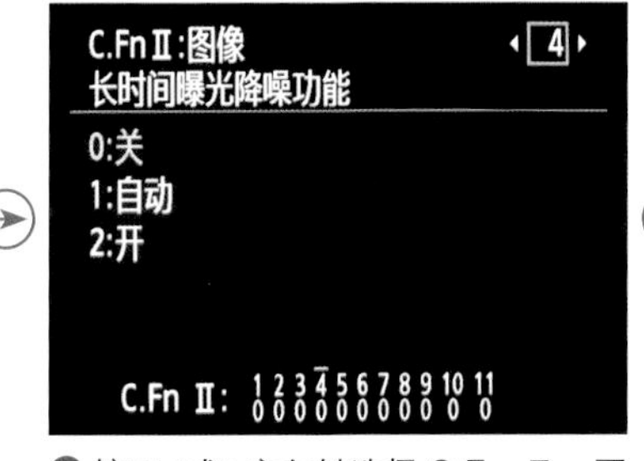

❷ 按下◀或▶方向键选择C.Fn Ⅱ：**图像**（4）**长时间曝光降噪功能**选项，然后按下SET按钮确认

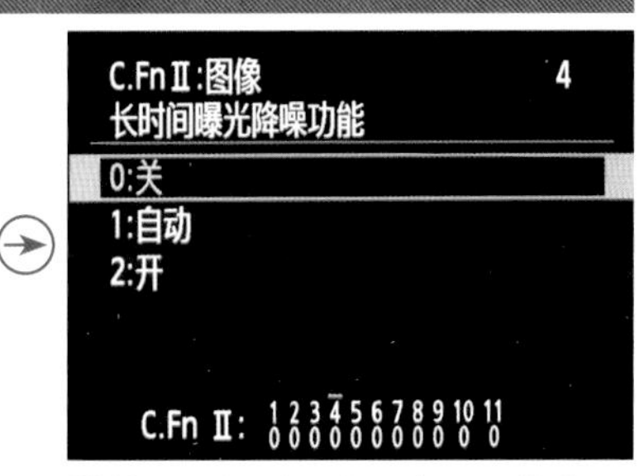

❸ 按下▲或▼方向键选择所需的选项，然后按下SET按钮确认

▲通过长达30s的曝光拍摄到的照片『焦距：21mm ┆ 光圈：F14 ┆ 快门速度：30s ┆ 感光度：ISO100』

▲上图是未设置长时间曝光降噪功能时的局部画面，下图是启用了该功能后的局部画面，画面中的杂色及噪点都明显减少，但同时也损失了一定的细节

高手点拨： 降噪处理需要时间，而这个时间可能与拍摄时间相同。在将“长时间曝光降噪功能”设置为“自动”和“开”选项时，若使用实时显示模式进行长时间曝光拍摄，那么在降噪处理过程中将显示“BUSY”，直到降噪完成，在这期间将无法继续拍摄照片。因此，通常情况下建议将它关闭，在需要进行长时间曝光拍摄时再开启。

设置白平衡控制画面色彩

理解白平衡存在的重要性

无论是在室外的阳光下，还是在室内的白炽灯光下，人眼都将白色视为白色，将红色视为红色。我们产生这种感觉是因为人的肉眼能够修正光源变化造成的着色差异。实际上，当光源改变时，作为这些光源的反射而被捕获的颜色也会发生变化，相机会精确地将这些变化记录在照片中，这样的照片在纠正之前看上去是偏色的。

相机具有的白平衡功能，可以纠正不同光源下色彩的变化，就像人眼的功能一样，使偏色的照片得到纠正。

值得一提的是，在实际应用时，我们也可以尝试使用"错误"的白平衡设置，从而获得特殊的画面色彩。例如，在拍摄夕阳时，如果使用白色荧光灯或阴影白平衡，则可以得到冷暖对比或带有强烈暖调色彩的画面，这也是白平衡的一种特殊应用方式。

Canon EOS 1300D相机共提供了两类白平衡设置，即预设白平衡及自定义白平衡，下面分别讲解它们的作用。

预设白平衡

除了自动白平衡外，Canon EOS 1300D 相机还提供了日光、阴影、阴天、钨丝灯、白色荧光灯及闪光灯等 6 种预设白平衡，它们分别针对了一些常见的典型环境，选择这些预设的白平衡可以快速获得需要的设置。

以下是使用不同预设白平衡拍摄同一场景时得到的结果。

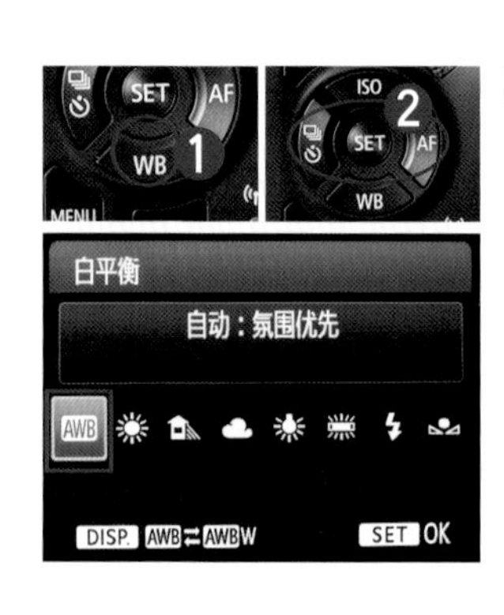

设定方法

按下 WB 按钮显示白平衡选择界面，按下◀或▶方向键选择所需的白平衡选项，当选择了自动选项时，按下 DISP 按钮可以在自动：氛围优先和自动：白色优先之间切换。选择完成后按下 SET 按钮确定即可

▲ 日光白平衡

▲ 阴影白平衡

▲ 阴天白平衡

▲ 钨丝灯白平衡

▲ 白色荧光灯白平衡

▲ 闪光灯白平衡

什么是色温

在摄影领域色温用于说明光源的成分，单位用“K”表示。例如，日出日落时光的颜色为橙红色，这时色温较低，大约3200K；太阳升高后，光的颜色为白色，这时色温高，大约5400K；阴天的色温还要高一些，大约6000K。色温值越大，则光源中所含的蓝色光越多；反之，当色温值越小，则光源中所含的红色光越多。

低色温的光趋于红、黄色调，其能量分布中红色调较多，因此又通常被称为“暖光”；高色温的光趋于蓝色调，其能量分布较集中，也被称为“冷光”。通常在日落之时，光线的色温较低，因此拍摄出来的画面偏暖，适合表现夕阳静谧、温馨的感觉。为了加强这样的画面效果，可以使用暖色滤镜，或是将白平衡设置成阴天模式。晴天、中午时分的光线色温较高，拍摄出来的画面偏冷，通常这时空气的能见度也较高，可以很好地表现大景深的场景，另外还因为冷色调的画面可以很好地表现出冷清的感觉，在视觉上有开阔的感受。

自定义白平衡

自定义白平衡模式是各种白平衡模式中最精准的一种，是指在现场光照条件下拍摄纯白的物体，相机会认为这张照片是标准的“白色”，从而以此为依据对现场色彩进行调整，最终实现精准的色彩还原。

在 Canon EOS 1300D 相机中自定义白平衡的操作步骤如下。

❶ 在镜头上将对焦方式切换至 MF（手动对焦）方式。

❷ 找到一个白色物体，然后半按快门对白色物体进行测光（此时无须顾虑是否对焦的问题），且要保证白色物体应充满屏幕，然后按下快门拍摄一张照片。

❸ 在“拍摄菜单 2”中选择“自定义白平衡”选项。

❹ 此时将要求选择一幅图像作为自定义的依据，选择前面拍摄的照片并确定即可。

❺ 要使用自定义的白平衡，可以“白平衡”菜单中选择“用户自定义”选项即可。

例如在室内使用恒亮光源拍摄人像或静物时，由于光源本身都会带有一定的色温倾向，因此，为了保证拍出的照片能够准确地还原色彩，此时就可以通过自定义白平衡的方法进行拍摄。

高手点拨：在实际拍摄时灵活运用自定义白平衡功能，可以使拍摄效果更自然，这要比使用滤色镜获得的效果更自然，操作也更方便。但值得注意的是，当曝光不足或曝光过度时，使用自定义白平衡可能无法获得正确的白平衡。在实际拍摄时可以使用18%灰度卡（市面有售）取代白色物体，这样可以更精确地设置白平衡。

▲ 采用自定义白平衡拍摄室内人像，使画面中人物的肤色得到了准确还原『焦距：35mm ¦ 光圈：F5.6 ¦ 快门速度：1/125s ¦ 感光度：ISO100』

设定步骤

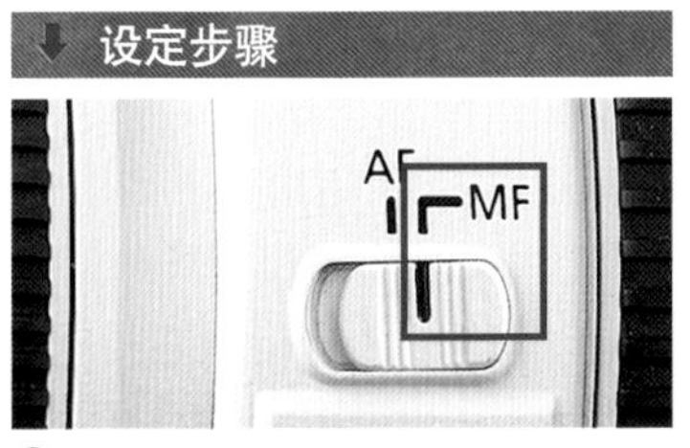

❶ 切换至手动对焦方式

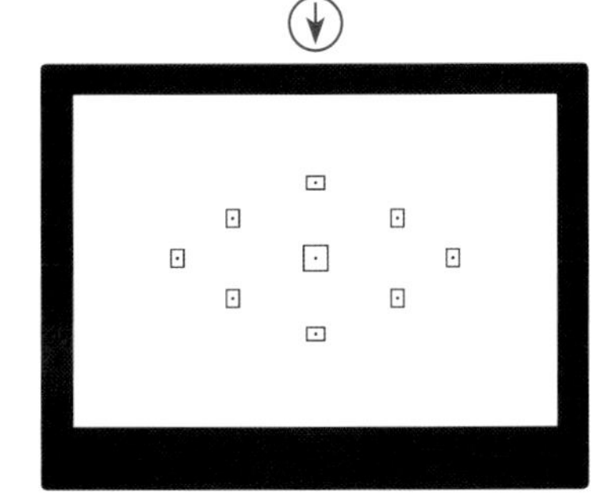

❷ 对白色对象进行测光并拍摄

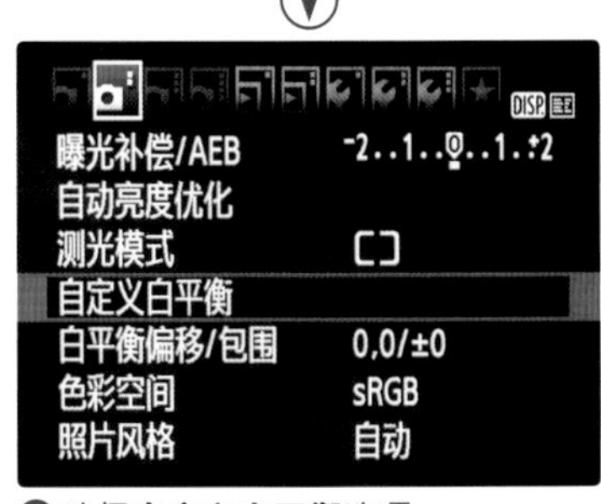

❸ 选择**自定义白平衡**选项

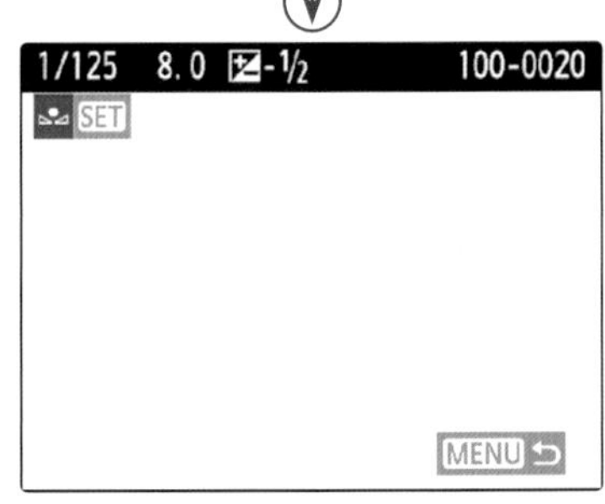

❹ 选择刚拍的图像作为自定义的依据，然后按下 SET 按钮确认

❺ 若要使用自定义的白平衡，选择**用户自定义**选项即可

白平衡偏移 / 包围

此菜单实际上包含了两个功能，即白平衡偏移及白平衡包围，下面分别讲解其功能。

白平衡偏移

白平衡偏移是指通过设置对白平衡进行微调矫正，以获得与使用色温转换滤镜同等的效果。“白平衡偏移”功能也可用于纠正镜头的偏色，例如，如果某一款镜头成像时会偏一点红色，此时利用此功能可以使照片稍偏蓝一点，从而得到颜色相对准确的照片。

每种色彩都有 1 ~ 9 级矫正。其中 B 代表蓝色，A 代表琥珀色，M 代表洋红色，G 代表绿色。

设置白平衡偏移时，通过方向键使“■”图标移至所需位置，即可让拍出的照片偏向所选择的色彩。

设定步骤

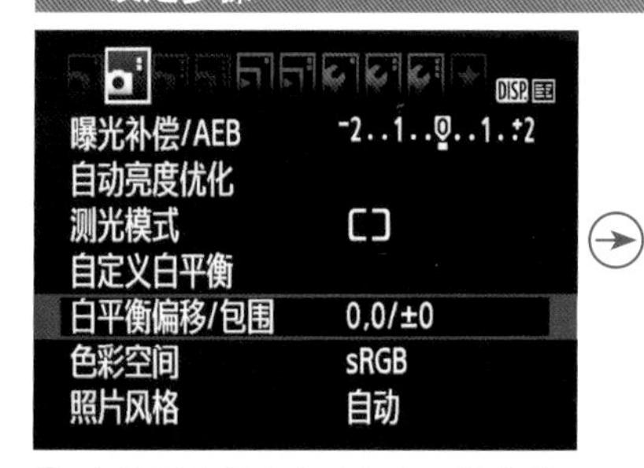

❶ 在**拍摄菜单** 2 中选择**白平衡偏移 / 包围**选项

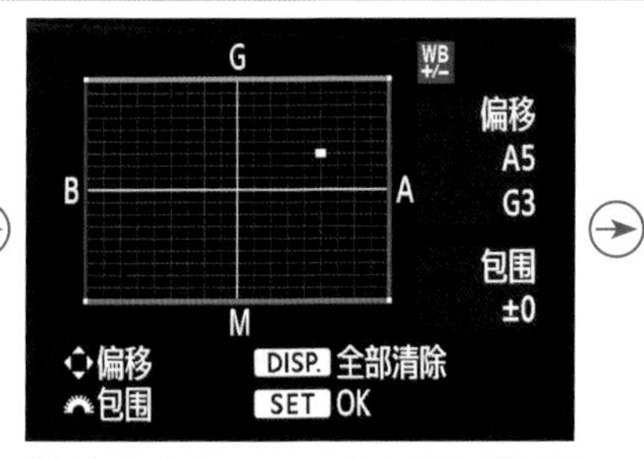

❷ 按下◀、▶、▲、▼方向键选择不同的白平衡偏移方向

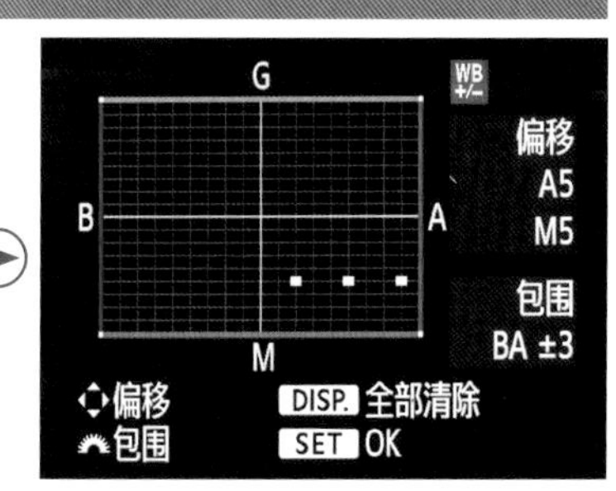

❸ 转动主拨盘则可以设置白平衡包围曝光

白平衡包围

使用“白平衡包围”功能拍摄时，一次拍摄可同时得到3 张不同白平衡偏移效果的图像。在当前白平衡设置的色温基础上，图像将进行蓝色/ 琥珀色偏移或洋红色/ 绿色偏移。

操作时首先要通过点击确定白平衡包围的基础色调，其操作步骤与前面所述的设置白平衡偏移的步骤相同，在此基础上转动主拨盘使屏幕上的■标记将变成 ■ ■ ■ 。操作时可以尝试多次转动主拨盘，以改变白平衡包围的范围。

▲ 在拍摄宝宝玩耍的照片时，为了既不错过精彩瞬间，又能获得较好的色彩还原效果，使用了“白平衡包围”功能，最终得到色彩纯正、鲜艳的画面

设置 ISO 控制照片品质

理解感光度

数码相机的感光度概念是从传统胶片感光度引入的，用于表示感光元件对光线的感光敏锐程度，即在相同条件下，感光度越高，获得光线的数量也就越多。但要注意的是，感光度越高，产生的噪点就越多，而低感光度画面则清晰、细腻，细节表现较好。

Canon EOS 1300D 在感光度的控制方面较为优秀。其常用感光度范围为 ISO100~ISO16000，并可以扩展至 H（相当于 ISO25600）。在光线充足的情况下，一般使用 ISO100 拍摄即可。

对于 Canon EOS 1300D 来说，当感光度数值在 ISO800 以下时，均能获得出色的画质；当感光度数值在 ISO800~ISO1600 之间时，Canon EOS 1300D 的画质比低感光度时略有降低，但仍可以用良好来形容；当感光度数值增至 ISO3200~ISO6400 时，虽然画面的细节还比较好，但已经有明显的噪点了，尤其在弱光环境下表现得更为明显；当感光度扩展至 ISO12800 时，画面中的噪点和色散已经变得很严重，因此，除非必要，一般不建议使用 ISO1600 以上的感光度数值。

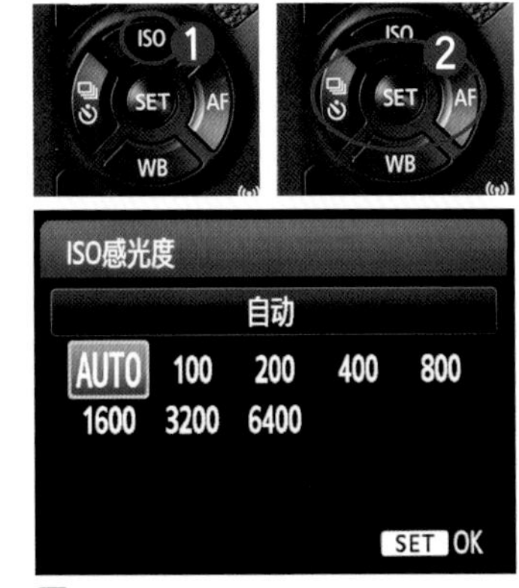

设定方法

按下相机背面的ISO按钮，然后按下◀或▶方向键或转动主拨盘选择所需 ISO 感光度的数值

感光度的设置原则

感光度除了对曝光会产生影响外，对画质也有极大的影响，即感光度越低，画质就越好；反之，感光度越高，就越容易产生噪点、杂色，因此画质就越差。

在条件允许的情况下，建议采用 Canon EOS 1300D 基础感光度中的最低值，即 ISO100，这样可以在最大程度上保证得到较高的画质。

需要特别指出的是，在光线充足与不足的情况下分别拍摄时，即使设置相同的 ISO 感光度，在光线不足时拍出的照片中也会产生更多的噪点，如果此时再使用较长的曝光时间，那么就更容易产生噪点。因此，在弱光环境中拍摄时，更需要设置低感光度，并配合高 ISO 感光度降噪和长时间曝光降噪功能来获得较高的画质。

当然，低感光度的设置，尤其是在光线不足的情况下，可能会导致快门速度过低，在手持拍摄时很容易由于手的抖动而导致画面模糊。此时，应该果断地提高感光度，即优先保证能够成功地完成拍摄，然后再考虑高感光度给画质带来的损失。因为画质损失可通过后期处理来弥补，而画面模糊则意味着拍摄失败，是无法补救的。

ISO 数值与画质的关系

对于 Canon EOS 1300D 而言，使用 ISO800 以下的感光度拍摄时，均能获得优秀的画质；使用 ISO800~ISO1600 之间的感光度拍摄时，虽然画质要比低感光度时略有降低，但是依旧很优秀。

如果从实用角度来看，使用 ISO1600 和 ISO3200 拍摄的照片细节完整、色彩生动，如果不是 100% 查看，和使用较低感光度拍摄的照片并无明显区别。但是对于一些对画质要求较为苛求的用户来说，ISO1600 是 Canon EOS 1300D 能保证较好画质的最高感光度。使用高于 ISO1600 的感光度拍摄时，虽然整个照片依旧没有过多杂色，但是照片细节上的缺失通过大屏幕显示器观看时就能感觉到，所以除非处于极端环境中，否则不推荐使用。

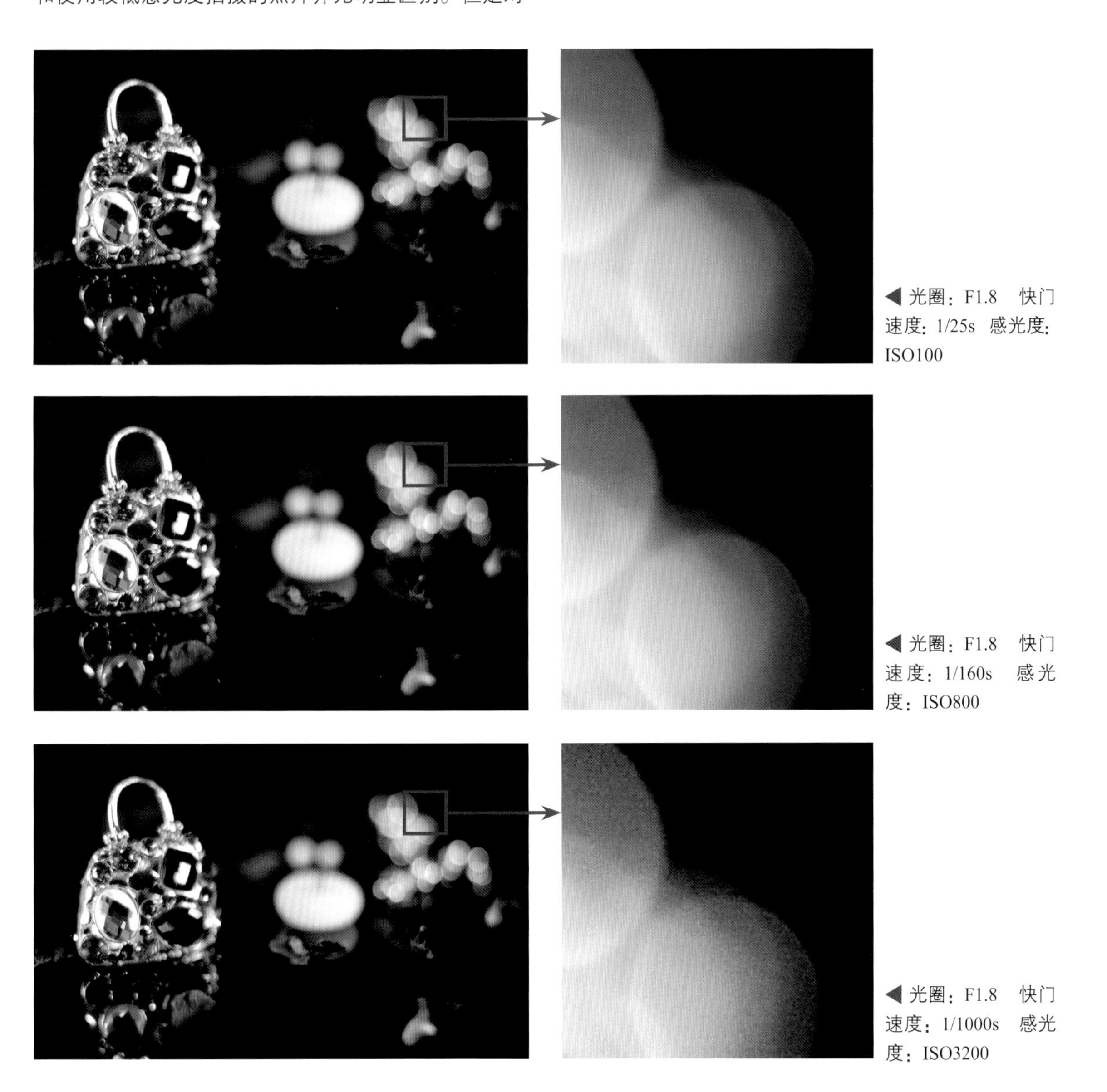

◀ 光圈：F1.8 快门速度：1/25s 感光度：ISO100

◀ 光圈：F1.8 快门速度：1/160s 感光度：ISO800

◀ 光圈：F1.8 快门速度：1/1000s 感光度：ISO3200

从这一组照片中可以看出，在光圈优先曝光模式下，当 ISO 感光度数值发生变化时，快门速度也发生了变化，因此照片的整体曝光量并没有变化。但仔细观察细节可以看出，照片的画质随着 ISO 数值的增大而逐渐变差。

感光度对曝光的影响

作为控制曝光的三大要素之一，在其他条件不变的情况下，感光度每增加一挡，感光元件对光线的敏锐度会随之提高一倍，即增加一倍的曝光量；反之，感光度每减少一挡，即减少一挡的曝光量。

更直观地说，感光度的变化将影响光圈或快门速度的设置，以 F2.8、1/200s、ISO400 的曝光组合为例，在光圈数值保持不变的前提下，可以通过提高或降低感光度来改变快门速度，例如要提高一倍的快门速度（变为 1/400s），则可以将感光度数值提高一倍（变为 ISO800）。

如果是在快门速度保持不变的前提下，同样可以通过调整感光度数值来改变光圈大小，例如要缩小 2 挡光圈（变为 F5.6），则可以将感光度数值降低原来的 1/4（变为 ISO100）。

在拍摄上面这组照片时，焦距、光圈、快门速度都没有变化，从这一组照片中可以看出，当其他曝光参数不变时，ISO 感光度的数值越大，由于感光元件对光线更加敏感，因此所拍摄出来的照片也就越明亮。

高 ISO 感光度降噪功能

利用高 ISO 感光度降噪功能能够有效地降低图像的噪点，在使用高 ISO 感光度拍摄时的效果尤其明显，而且即使是使用较低 ISO 感光度时，也会使图像阴影区域的噪点有所减少。

在“高 ISO 感光度降噪功能”菜单中共有 4 个选项，可以根据噪点的多少来改变其设置。当将“高 ISO 感光度降噪功能”设置为“强”时，将使相机的连拍数量减少。

- 标准：选择此选项，则执行标准降噪幅度，照片的画质会略受影响，适合用 JPEG 格式保存照片的情况。
- 弱：选择此选项，则降噪幅度较弱，适合直接用 JPEG 格式拍摄且对照片不做调整的情况。
- 强：选择此选项，则降噪幅度较大，适合弱光拍摄的情况。
- 关闭：选择此选项，则不执行高 ISO 感光度降噪功能，适合用 RAW 格式保存照片的情况。

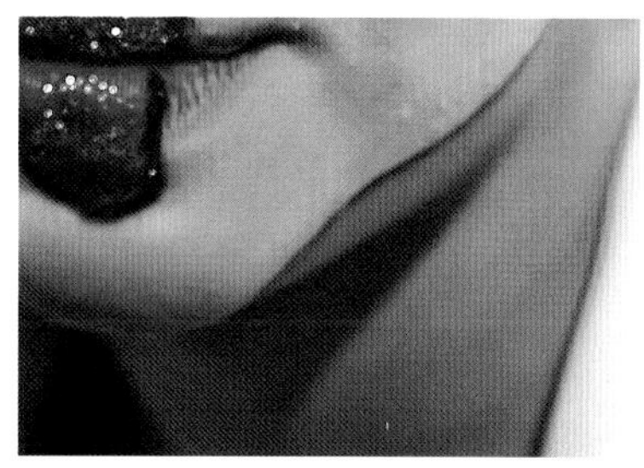

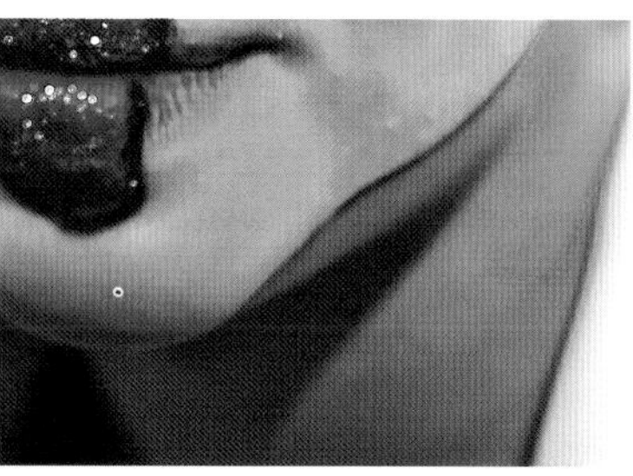

▲ 上方左侧的局部示例图是未启用“高 ISO 感光度降噪”功能拍摄的效果，上方左侧的局部示例图是启用此功能后拍摄的效果，对比两张图可以看出，降噪后的照片噪点明显减少，但同时也损失了一定的细节

设定步骤

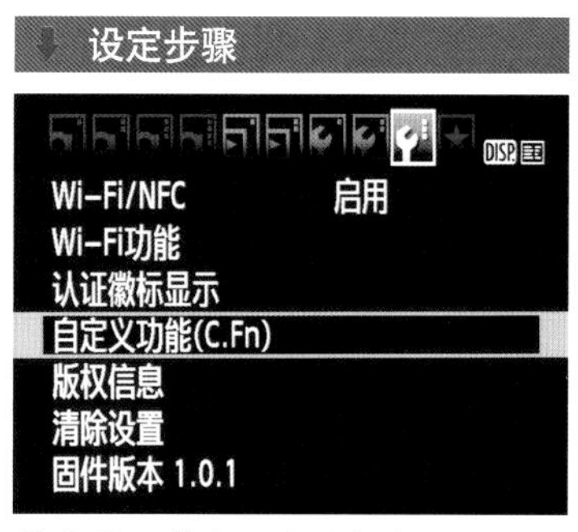

❶ 在**设置菜单 3** 中选择**自定义功能（C.Fn）**选项

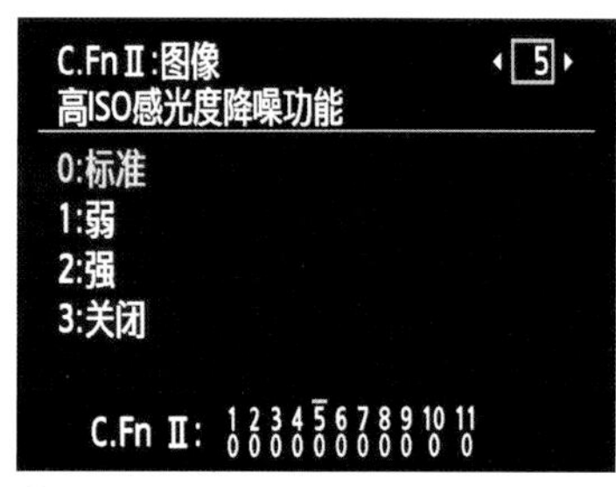

❷ 按下◀或▶方向键选择 C.Fn Ⅱ：**图像（5）高 ISO 感光度降噪功能**选项，然后按下 SET 按钮确认

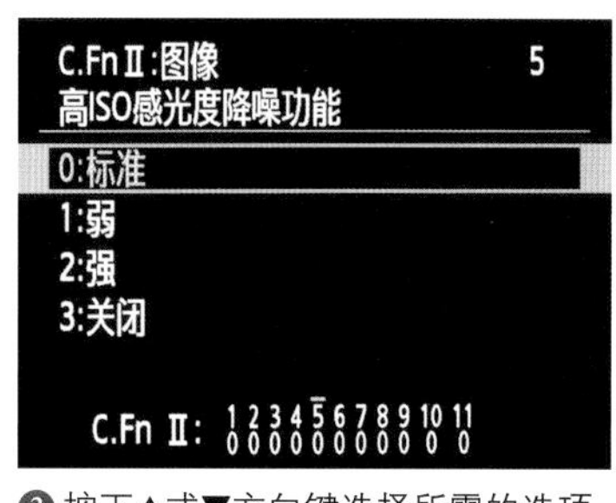

❸ 按下▲或▼方向键选择所需的选项，然后按下 SET 按钮确认

影响曝光的 4 个因素之间的关系

影像曝光的因素有 4 个：①照明的亮度（Light Value），简称 LV，由于大部分照片以阳光为光源拍摄，因而我们无法控制阳光的亮度；②感光度，即 ISO 值，ISO 值越高，所需的曝光量越少；③光圈，较大的光圈能让更多光线通过；④曝光时间，也就是所谓的快门速度。

影响曝光的这 4 个因素是一个互相牵引的四角关系，改变任何一个因素，均会对另外 3 个造成影响。例如最直接的对应关系是“亮度 VS 感光度”，当在较暗的环境中（亮度较低）拍摄时，就要使用较高的感光度值，以增加相机感光元件对光线的敏感度，来得到曝光正常的画面。

另一个直接的相互影响是“光圈 VS 快门”，当用大光圈拍摄时，进入相机镜头的光量变多，因而快门速度便要提高，以避免照片过曝；反之，当缩小光圈时，进入相机镜头的光量变少，快门速度就要相应地变低，以避免照片欠曝。

下面进一步解释这四者的关系。

当光线较为明亮时，相机感光充分，因而可以使用较低的感光度、较高的快门速度或小光圈拍摄；

当使用高感光度拍摄时，相机对光线的敏感度增加，因此也可以使用较高的快门速度、较小光圈拍摄；

当降低快门速度作长时间曝光时，则可以通过缩小光圈、较低的感光度，或者加中灰镜来得到正确的曝光。

当然，在现场光环境中拍摄时，画面的明暗亮度很难做出改变，虽然可以用中灰镜降低亮度，或提高感光度来增加亮度，但是会带来一定的画质影响。

因此，摄影师通常会先考虑调整光圈和快门速度，当调整光圈和快门速度都无法得到满意的效果时，才会调整感光度数值，最后才会考虑安装中灰镜或增加灯光给画面补光。

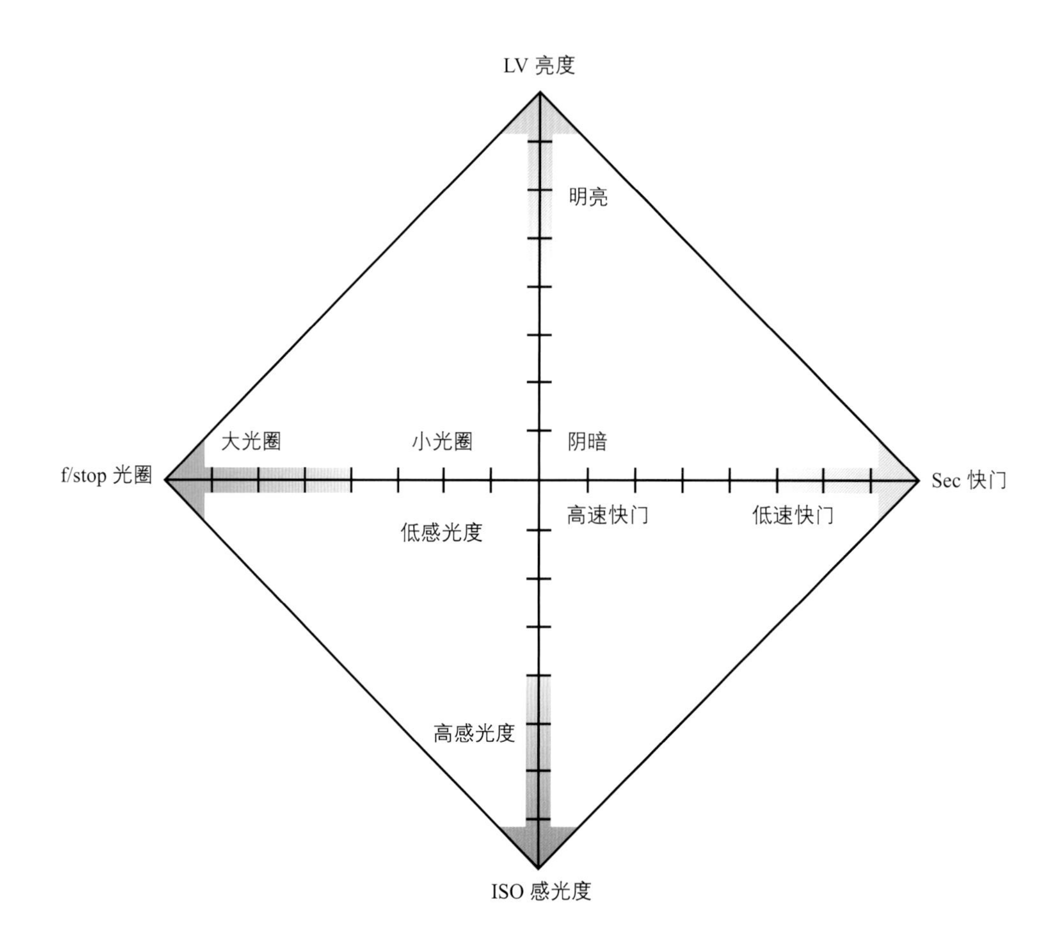

正确设置自动对焦模式获得清晰锐利画面

准确对焦是成功拍摄的重要前提之一。准确对焦可以让画面要表现的主体获得清晰呈现，反之则容易出现画面模糊的问题，也就是所谓的“失焦”。

Canon EOS 1300D相机提供了AF自动对焦与MF手动对焦两种模式，而AF自动对焦又可以分为单次自动对焦、人工智能自动对焦、人工智能伺服自动对焦3种模式，使用这3种自动对焦模式一般都能够实现准确对焦，下面分别讲解它们的使用方法。

设定方法

按下相机背面的AF按钮，按下◀或▶方向键或转动主拨盘选择所需的自动对焦模式，然后按下SET按钮确认。

单次自动对焦（ONE SHOT）

单次自动对焦在合焦（半按快门时对焦成功）之后即停止自动对焦，此时可以保持半按快门状态重新调整构图，这种对焦模式是风光摄影中最常用的自动对焦模式之一，特别适合拍摄静止的对象，例如山峦、树木、湖泊、建筑等。当然，在拍摄人像、动物时，如果被摄对象处于静止状态，也可以使用这种自动对焦模式。

▲ 单次自动对焦模式非常适合拍摄静止的对象

Q：AF（自动对焦）不工作怎么办？

A：检查镜头上的对焦模式开关，如果将镜头上的对焦模式开关设置为“MF”，将不能自动对焦，应将镜头上的对焦模式开关设置为“AF”；另外，还要确保稳妥地安装了镜头，如果没有稳妥地安装镜头，则有可能无法正确对焦。

人工智能伺服自动对焦（AI SERVO）

选择人工智能伺服自动对焦模式后，当摄影师半按快门合焦后，保持快门的半按状态，相机会在对焦点中自动切换以保持对运动对象的准确合焦状态，如果在此过程中，被摄对象的位置发生了较大变化，相机会自动作出调整，以确保主体清晰。这种对焦模式较适合拍摄运动中的鸟、昆虫、人等对象。

▶ 拍摄跑动中的狼时，使用人工智能伺服自动对焦模式可以获得焦点清晰的画面『焦距：400mm ┆ 光圈：F6.3 ┆ 快门速度：1/2000s ┆ 感光度：ISO1000』

人工智能自动对焦（AI FOCUS）

人工智能自动对焦模式适用于无法确定被摄对象是静止还是处于运动状态的情况，此时相机会自动根据被摄对象是否运动来选择单次对焦还是人工智能伺服自动对焦。

例如，在动物摄影中，如果所拍摄的动物暂时处于静止状态，但有突然运动的可能性，此时应该使用该对焦模式，以保证能够将被摄对象清晰地捕捉下来。在人像摄影中，如果模特不是处于摆拍的状态，随时有可能从静止变为运动状态，也可以使用这种对焦模式。

▲ 面对忽然安静忽然调皮跑动的小朋友，使用人工智能自动对焦是再合适不过了

Q&A EOS 1300D

Q：如何拍摄自动对焦困难的主体？

A：在主体与背景反差较小、主体在弱光环境中、主体处于强烈逆光环境、主体本身有强烈的反光、主体的大部分被一个自动对焦点覆盖的景物覆盖、主体是重复的图案等情况下，Canon EOS 1300D 可能无法进行自动对焦。此时，可以按下面的步骤使用对焦锁定功能进行拍摄。

1. 设置对焦模式为单次自动对焦，将 AF 点移至另一个与希望对焦的主体距离相等的物体上，然后半按快门按钮。

2. 因为半按快门按钮时对焦已被锁定，因此可以在半按快门按钮的状态下，将 AF 点移至希望对焦的主体上，重新构图后再完全按下快门。

灵活设置自动对焦辅助功能

利用自动对焦辅助光辅助对焦

利用“自动对焦辅助光发光”菜单可以控制是否开启相机外置闪光灯的自动对焦辅助光。

在弱光环境下，由于对焦很困难，因此开启对焦辅助光照亮被摄对象，可以起到辅助对焦的作用。

要注意的是，如果外接闪光灯的“自动对焦辅助光发光”被设置为“关闭”时，无论如何设置此菜单，闪光灯都不会发出自动对焦辅助光。

设定步骤

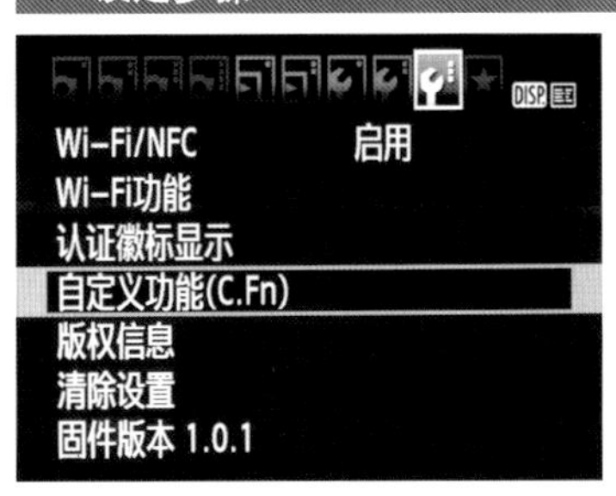

❶ 在**设置菜单** 3 中选择**自定义功能**（C.Fn）选项

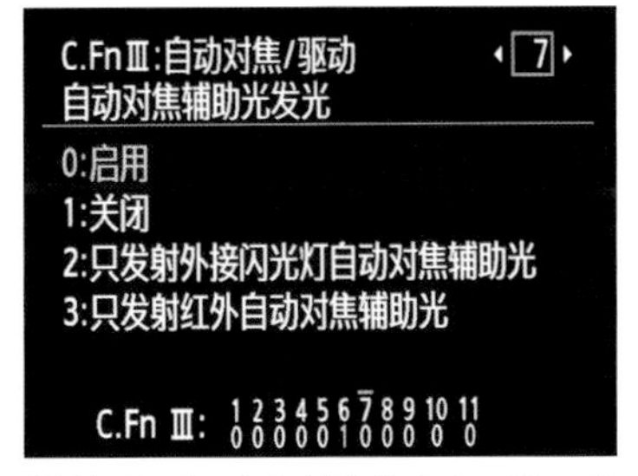

❷ 按下◀或▶方向键选择 C.Fn Ⅲ：**自动对焦 / 驱动（7）自动对焦辅助光发光**选项，然后按下 SET 按钮确认

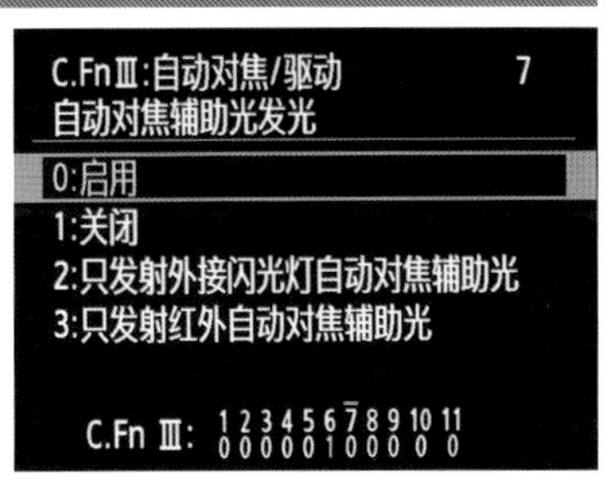

❸ 按下▲或▼方向键选择所需的选项，然后按下 SET 按钮确认

- 启用：选择此选项，闪光灯将会发射自动对焦辅助光。
- 关闭：选择此选项，闪光灯将不发射自动对焦辅助光。
- 只发射外接闪光灯自动对焦辅助光：选择此选项，只在使用外接闪光灯时，才会在需要时发射自动对焦辅助光，相机的内置闪光灯将不会发射自动对焦辅助光。
- 只发射红外自动对焦辅助光：在外接闪光灯中，只有具有红外线自动对焦辅助光的闪光灯能发射光线。这可以防止使用装备有 LED 灯的 EX 系列闪光灯时，LED 灯自动打开进行辅助自动对焦。

高手点拨：如果拍摄的是会议或体育比赛等不能被打扰的拍摄对象，应该关闭此功能。在不能使用自动对焦辅助光照明时，如果难于对焦，应尽量使用中间的高性能十字对焦点，选择明暗反差较大的位置进行对焦。

提示音

提示音最常见的作用就是在对焦成功时发出清脆的声音，以便于确认是否对焦成功。

除此之外，提示音在自拍时会用于自拍倒计时提示。

- 启用：开启提示音后，在合焦或自拍时，相机会发出提示音提醒。
- 触摸 ◁ₓ：选择此选项，只在触摸屏操作期间关闭提示音。
- 关闭：关闭提示音后，在合焦或自拍时，提示音不会响。

设定步骤

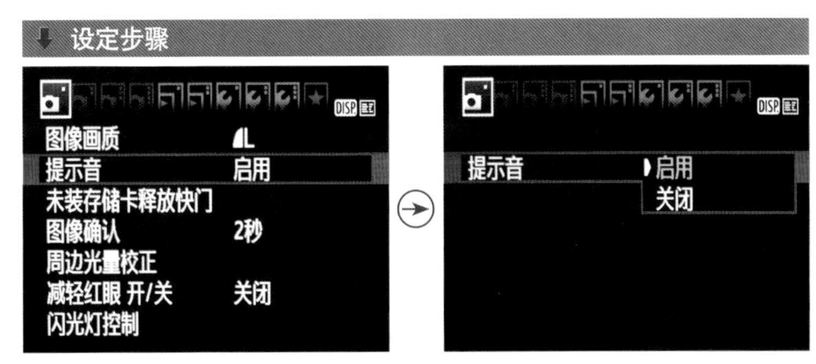

❶ 在**拍摄菜单** 1 中选择**提示音**选项

❷ 按下▲或▼方向键选择**启用**或**关闭**选项，然后按下 SET 按钮确认

高手点拨：提示音对确认合焦很有帮助，同时在自拍时还能起到很好的提示作用，所以建议将其设置为“启用”。

手选对焦点的方法

在 P、Av、Tv 及 M 模式下，支持摄影师根据对焦需要，而手动选择对焦点的位置，Canon EOS 1300D 相机共有 9 个自动对焦点可供选择。

在选择对焦点时，先按下机身上的自动对焦点选择按钮，然后在液晶屏上使用▲、▼、◀、▶方向键选择对焦点的位置，如果按下 SET 按钮，则可以在中央对焦点和自动选择自动对焦点之间切换。

另外，转动主拨盘也可以选择自动对焦点。

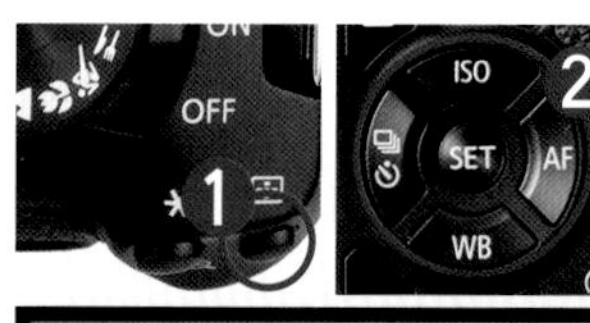

设定方法

按下相机背面右上方的自动对焦点选择按钮，然后按下▲、▼、◀、▶方向键选择对焦点的位置

▲ 采用手动选择对焦点拍摄，保证了对人物的眼睛的准确对焦『焦距：85mm ┆ 光圈：F2.8 ┆ 快门速度：1/320s ┆ 感光度：ISO100』

▲ 手选对焦点示意图

手动对焦实现准确对焦

如果在摄影中遇到下面的情况，相机的自动对焦系统往往无法准确对焦，此时应该使用手动对焦功能。但由于摄影师的拍摄经验不同，拍摄的成功率也有极大的差别。

- 画面主体处于杂乱的环境中，例如拍摄杂草后面的花朵。
- 画面为高对比、低反差，例如拍摄日出、日落。
- 在弱光环境下进行拍摄，例如拍摄夜景、星空。
- 距离太近的题材，例如微距拍摄昆虫、花卉等。
- 主体被其他景物覆盖，例如拍摄动物园笼子里面的动物等。
- 对比度很低的景物，例如拍摄蓝天、墙壁。
- 距离较近且相似程度又很高的题材，例如旧照片翻拍等。

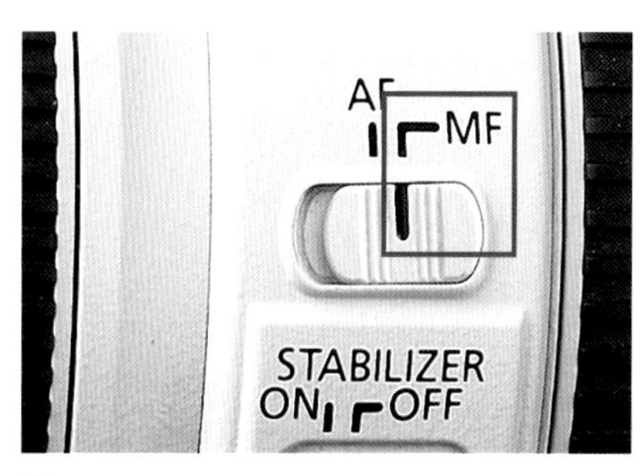

设定方法

将镜头上的对焦模式切换器设为 MF，即可切换至手动对焦模式。

▲ 在拍摄微距题材时，常常使用手动对焦模式以保证画面中的主体能够清晰对焦『焦距：100mm ┊ 光圈：F6.3 ┊ 快门速度：1/320s ┊ 感光度：ISO200』

Q：图像模糊不聚焦或锐度较低应如何处理？

A：出现这种情况时，可以从以下三个方面进行检查。

1. 按快门按钮时相机是否产生了移动？按快门按钮时要确保相机稳定，尤其在拍摄夜景或在黑暗的环境中拍摄时，快门速度应高于正常拍摄条件下的快门速度。应尽量使用三脚架或遥控器，以确保拍摄时相机保持稳定。

2. 镜头和主体之间的距离是否超出了相机的对焦范围？如果超出了相机的对焦范围，应该调整主体和镜头之间的距离。

3. 取景器的自动对焦点是否覆盖了主体？相机会对焦取景器中自动对焦点覆盖的主体，如果因为所处位置使自动对焦点无法覆盖主体，可以利用对焦锁定功能来解决。

EOS 1300D

设置驱动模式以拍摄运动或静止的对象

针对不同的拍摄任务，需要将快门设置为不同的驱动模式。例如，要抓拍高速移动的物体，为了保证成功率，通过设置可以使相机按下一次快门后，能够连续拍摄多张照片。

Canon EOS 1300D 提供了单拍□、连拍、10 秒自拍、2 秒自拍、10 秒自拍加连拍 6 种驱动模式，下面分别讲解它们的使用方法。

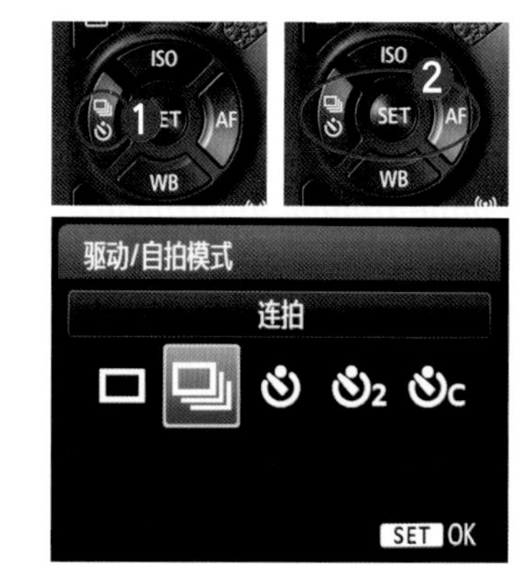

设定方法

按下相机背面的◀按钮，按下◀或▶方向键或转动主拨盘选择所需的驱动模式，然后按下 SET 按钮确认

单拍模式

在此模式下，每次按下快门时，都只拍摄一张照片。单拍模式适用于拍摄静态对象，如风光、建筑、静物等题材。

▲ 使用单拍驱动模式拍摄的各种题材列举

连拍模式

在连拍模式下，每次按下快门时将连续拍摄多张照片。Canon EOS 1300D 的连拍模式最高连拍速度能够达到约 3 张 / 秒，即在按下快门不放的 1 秒时间里，相机将连续拍摄约 3 张照片。

连拍模式适用于拍摄运动的对象，当将被摄对象的连续动作全部抓拍下来以后，可以从中挑选满意的画面。

▲ 使用连拍驱动模式抓拍到两只小猫打闹的精彩画面

Q&A

EOS 1300D

Q：为什么相机能够连续拍摄？

A：因为 Canon EOS 1300D 有临时存储照片的内存缓冲区，因而在记录照片到存储卡的过程中可继续拍摄，受内存缓冲区大小的限制，最多可持续拍摄照片的数量是有限的。

Q：在弱光环境下，连拍速度是否会变慢？

A：连拍速度在以下情况可能会变慢：当剩余电量较低时，连拍速度会下降；在人工智能伺服自动对焦模式下，因主体和使用的镜头不同，连拍速度可能会下降；当选择了“高 ISO 感光度降噪功能”或在弱光环境下，即使设置了较高的快门速度，连拍速度也可能变慢。

Q：连拍时快门为什么会停止释放？

A：在最大连拍数量少于正常值时，如果相机在中途停止连拍，可能是“高 ISO 感光度降噪功能”被设置为“强”导致的，此时应该选择“标准”“弱”或“关闭”选项。因为当启用“高 ISO 感光度降噪功能”时，相机将花费更多的时间进行降噪处理，因此将数据转存到存储空间的耗时会更长，相机在连拍时更容易被中断。

自拍模式

Canon EOS 1300D 提供了三种自拍模式，可满足不同的拍摄需求。

- 10 秒自拍：在此驱动模式下，可以在 10 秒后进行自动拍摄。
- 2 秒自拍2：在此驱动模式下，可以在 2 秒后进行自动拍摄。
- 10 秒自拍加连拍C：在此驱动模式下，可以在 10 秒后进行自动拍摄，此驱动模式可连续拍摄 2~10 张照片。

值得一提的是，所谓的自拍驱动模式并非只能用于给自己拍照。还可以用于延时拍摄，以获得更清晰的照片。例如在需要使用较低的快门速度拍摄时，可以将相机放在一个稳定的位置，并进行变焦、构图、对焦等操作，然后通过设置自拍驱动模式的方式，避免手按快门产生震动，进而拍摄得到清晰的照片。

▲ 使用自拍模式可以代替快门线，在长时间曝光拍摄水流时，可以避免手按快门导致画面模糊的情况出现『焦距：24mm ┆ 光圈：F16 ┆ 快门速度：2s ┆ 感光度：ISO100』

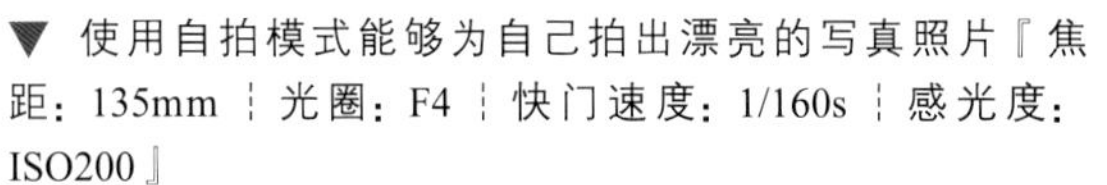

▼ 使用自拍模式能够为自己拍出漂亮的写真照片『焦距：135mm ┆ 光圈：F4 ┆ 快门速度：1/160s ┆ 感光度：ISO200』

设置测光模式以获得准确的曝光

要想准确曝光，前提是必须做到准确测光，在使用除手动及B门以外的所有曝光模式拍摄时，都需要根据测光模式确定曝光组合。例如，在光圈优先曝光模式下，在指定了光圈及ISO感光度数值后，可根据不同的测光模式确定快门速度值，以满足准确曝光的需求。因此，选择一个合适的测光模式，是获得准确曝光的重要前提。

设定方法

按下Q按钮显示速控屏幕，然后使用◀、▶、▲、▼方向键选择测光模式选项并按下SET按钮，使用◀、▶选择所需的测光模式，选择完成后按下SET按钮确认

评价测光

评价测光是最常用的测光模式，在场景智能自动曝光模式下，相机默认采用的就是评价测光模式。采用该模式测光时，相机会将画面分为63个区进行平均测光，此模式最适合拍摄日常及风光题材的照片。

值得一提的是，该测光模式在手选单个对焦点的情况下，对焦点可以与测光点联动，即对焦点所在的位置为测光的位置，在拍摄时善加利用这一点，可以为我们带来更大的便利。

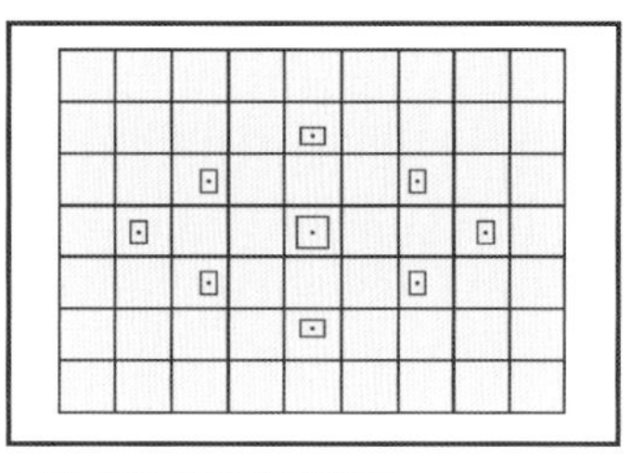

▲ 评价测光模式示意图

◀ 使用评价测光模式拍摄的风景照片，画面中没有明显的明暗对比，可以获得曝光正常的画面效果『焦距：18mm ┆ 光圈：F6.3 ┆ 快门速度：1/1600s ┆ 感光度：ISO400』

中央重点平均测光[ ]

在中央重点平均测光模式下，测光会偏向取景器的中央部位，但也会同时兼顾其他部分的亮度。由于测光时能够兼顾其他区域的亮度，因此该模式既能实现画面中央区域的精准曝光，又能保留部分背景的细节。

这种测光模式适合拍摄主体位于画面中央位置的场景，如人像、建筑物、背景较亮的逆光对象等。

▲人物处于画面的中心位置，使用中央重点平均测光模式，可以使画面中主体人物获得准确的曝光『焦距：100mm ┆ 光圈：F3.5 ┆ 快门速度：1/160s ┆ 感光度：ISO100』

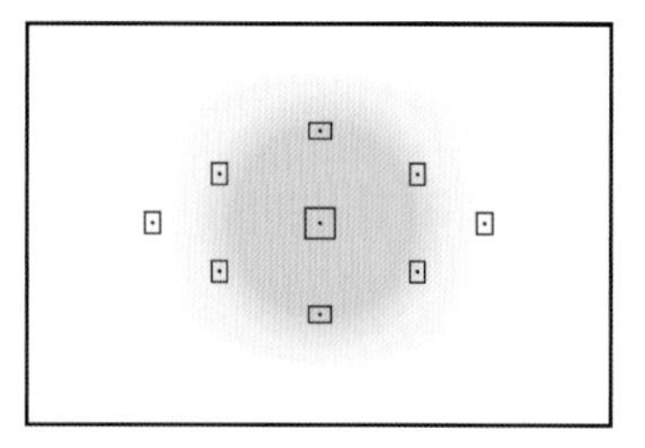

▲ 中央重点平均测光模式示意图

局部测光

局部测光的测光区域约占画面比例的 10%。当主体占据画面面积较小，又希望获得准确的曝光时，可以尝试使用该测光模式。

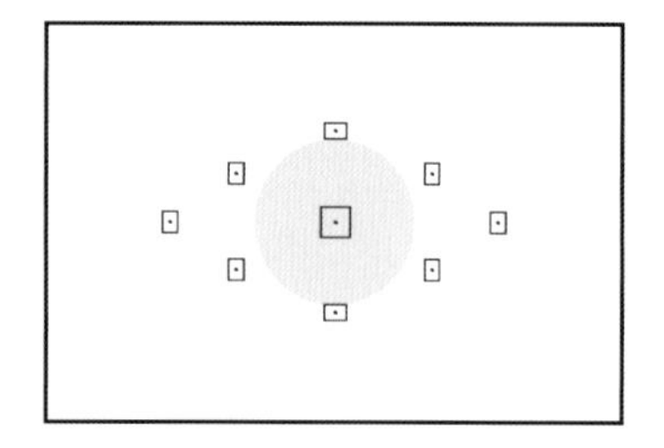

▲ 局部测光模式示意图

▲使用局部测光模式，以较小的区域作为测光范围，从而获得精确的测光结果『焦距：100mm ┆ 光圈：F5 ┆ 快门速度：1/400s ┆ 感光度：ISO200』

Chapter 04

运用曝光模式拍出好照片

全自动曝光模式

Canon EOS 1300D 提供了 3 种全自动曝光模式，即场景智能自动曝光模式、闪光灯关闭曝光模式及创意自动曝光模式。使用全自动曝光模式拍摄时，大部分甚至全部参数均由相机自动设定，以简化拍摄过程，降低拍摄的难度，提高拍摄的成功率，但也正因为如此，拍摄者无法得到个性化的画面结果。

场景智能自动曝光模式

场景智能自动曝光模式在 Canon EOS 1300D 的模式转盘上显示为。采用场景智能自动曝光模式拍摄时，相机将自动分析场景并设定最佳拍摄参数。

▲ 场景智能自动曝光模式图标

适合拍摄：	所有拍摄场景。
优　　点：	在光线充足的情况下，可以拍摄出效果不错的照片。在半按快门按钮对静止主体进行对焦时，可以锁定焦点，重新构图后再进行拍摄；即使对于移动的主体，相机也会自动连续对主体对焦。
特别注意：	在此模式下，拍摄者不能根据自己的拍摄要求来设置相机的参数，快门速度、光圈等参数全部由相机自动设定，拍摄者无法主动控制成像效果。

闪光灯关闭曝光模式

在一些特殊的场合或对一些特殊的对象进行拍摄时，不能开启闪光灯，如在某些博物馆、寺庙中拍摄；而在拍摄婴儿时，由于闪光灯会对婴儿的眼睛造成伤害，所以也应选择闪光灯禁用曝光模式。这种拍摄模式在 Canon EOS 1300D 的模式转盘上显示为。

▲ 闪光灯关闭曝光模式图标

适合拍摄：	所有现场光中的对象。
优　　点：	除关闭闪光灯外，其他方面与场景智能自动曝光模式完全相同。
特别注意：	如果需要使用闪光灯，一定要切换至其他支持此功能的模式。

创意自动曝光模式CA

创意自动模式是佳能独有的拍摄模式，在 Canon EOS 1300D 的模式转盘上显示为CA。在该模式下，相机默认的设置和场景智能自动模式相同，但它可以根据用户的要求调节照片的景深、驱动模式、内置闪光灯闪光和氛围效果等，因而要比场景智能自动模式高级一些。

▶ 创意自动曝光模式图标

适合拍摄：所有拍摄场景。

优　　点：创意自动曝光模式具有一定的手动选择功能，可以对闪光灯闪光、景深、氛围效果等进行调节；也可以选择单拍、连拍或自拍等驱动模式；还可以对画质和文件格式进行设置。与高级曝光模式相比，这些设置要简单易用一些，所以非常适合摄影初学者使用。

特别注意：应反复进行调试，以获得满意的效果。

如前所述，在创意自动模式下，可以根据摄影师的需求调整照片的亮度、景深、色调等，具体操作步骤如下。

❶ 旋转模式转盘至CA位置。

❷ 按下相机背面的Q按钮，在液晶屏上出现速控屏幕。

❸ 选择不同的选项，在屏幕的底部会显示所选功能的简要介绍。

❹ 设置完参数后，完全按下快门按钮即可拍摄照片。

● 氛围效果：按下◀、▶方向键或转动主拨盘设定想要在图像中表现的氛围，还可以通过按下 SET 按钮从列表中选择鲜明、清冷、醇厚、柔和、温馨等。

● 使背景虚化 / 清晰：按下◀、▶方向键或转动主拨盘控制背景的清晰、模糊效果。如果向左移动指示标记，背景将更为模糊；如果向右移动指示标记，背景将更为清晰。如果使用闪光灯则无法设定此功能。

● 驱动模式：按下◀、▶方向键或转动主拨盘可根据需要设定驱动模式，还可以通过按下 SET 按钮从列表中进行选择。

● 内置闪光灯闪光：按下◀、▶方向键或转动主拨盘可根据需要设定闪光灯控制选项，还可以通过按下 SET 按钮从列表中进行选择，可选择<ϟA>（内置闪光灯自动）、<ϟ>（内置闪光灯开）或<⊛>（内置闪光灯关）选项。

❶ 使背景模糊 / 清晰　❸ 内置闪光灯闪光

❷ 驱动模式　❹ 氛围效果控制

场景模式

▲ 场景模式图标

场景模式是针对一些常见拍摄题材而设定的拍摄模式，因此在拍摄时会针对该题材进行一定的优化，使拍摄结果更适合该题材的表现。如利用风光模式拍摄风光照片时，色彩会较艳丽，且画面的锐度较高。

Canon EOS 1300D 提供了人像模式、风光模式、微距模式、运动模式、食物模式、夜景人像模式6 种场景模式。在拍摄时，直接转动模式转盘使相应的模式图标对应左侧白色标志处即可切换到该场景模式。

人像模式

使用此场景模式拍摄时，将在当前最大光圈的基础上进行一定的收缩，以保证获得较高的成像质量，并使人物的脸部更加柔美，背景呈漂亮的虚化效果。按住快门不放即可进行连拍，以保证在拍摄运动中的人像时，也可以成功地拍下运动的瞬间。在开启闪光灯的情况下，使用此场景模式无法进行连拍。

适合拍摄：人像及希望虚化背景的对象。

优　　点：能拍摄出层次丰富、肤色柔滑的人像照片，而且能够尽量虚化背景，以便突出主体。

特别注意：当拍摄风景中的人物时，色彩可能较柔和。

风光模式

使用风景模式可以在白天拍摄出色彩艳丽的风景照片，为了保证获得足够的景深，在拍摄时会自动缩小光圈。

适合拍摄：景深较大的风景、建筑等。

优　　点：色彩鲜明、锐度较高。

特别注意：即使在光线不足的情况下，闪光灯也一直保持关闭状态。

食物模式

食物模式适合拍摄逼真的食物照片。为了追求高画质，推荐使用三脚架以避免画面模糊。

适合拍摄：食物或色彩较鲜艳的对象。

优　　点：可以改变照片色调，使画面色彩向暖色调或冷色调偏移。

特别注意：由于色彩很鲜艳，因此不适合拍摄人像。

微距模式

微距模式适合搭配微距镜头拍摄花卉、静物、昆虫等微小物体。在该模式下，将自动使用微距摄影中较为常用的 F8 光圈。

要注意的是，如果使用外置闪光灯搭配微距镜头进行拍摄，可能会由于镜头前的遮挡，导致部分画面无法被照亮，因此需要使用专用的环形或双头闪光灯。

适合拍摄：微小主体，如花卉、昆虫等。

优　　点：方便进行微距摄影，色彩和锐度较高。

特别注意：如果安装的是非微距镜头，那么无论如何也不可能进行细致入微的拍摄。

运动模式

使用此场景模式拍摄时，相机将使用高速快门以确保拍摄的动态对象能够清晰成像，该场景模式特别适合凝固运动对象的瞬间动作。为了保证精准对焦，相机会默认采用人工智能伺服自动对焦模式，对焦点会自动跟踪运动的主体。

适合拍摄：运动对象。

优　　点：方便进行运动摄影，凝固瞬间动作。

特别注意：当光线不足时会自动提高感光度数值，画面可能会出现较明显的噪点；如果必须使用慢速快门，则应该选择其他曝光模式进行拍摄。

夜景人像模式

虽然名为夜景人像模式，但实际上，只要是在光线比较暗的情况下拍摄人像，都可以使用此场景模式。选择此场景模式后，相机会自动提高感光度，并降低快门速度，以使人像与背景均得到充足的曝光。

适合拍摄：夜间人像、室内现场光人像等。

优　　点：画面背景也能获得足够的曝光。

特别注意：依据环境光线的不同，快门速度可能会很低，因此建议使用三脚架保持相机的稳定。

高级曝光模式

高级曝光模式允许摄影师根据拍摄题材和表现意图自定义大部分甚至全部拍摄参数，从而获得个性化的画面效果，下面分别讲解 Canon EOS 1300D 高级曝光模式的功能及使用技巧。

程序自动曝光模式 P

在此拍摄模式下，相机基于一套算法来确定光圈与快门速度组合。通常，相机会自动选择一个适合手持拍摄并且不受相机抖动影响的快门速度，同时还会调整光圈以得到合适的景深，确保所有景物都能清晰呈现。

如果使用的是 EF 镜头，相机会自动获知镜头的焦距和光圈范围，并据此信息确定最优曝光组合。使用程序自动曝光模式拍摄时，摄影师仍然可以设置 ISO 感光度、白平衡、曝光补偿等参数。此模式的最大优点是操作简单、快捷，适合拍摄快照或那些不用十分注重曝光控制的场景，例如新闻、纪实摄影或进行偷拍、自拍等。

在实际拍摄中，相机自动选择的曝光设置未必是最佳组合。例如，摄影师可能认为按此快门速度手持拍摄不够稳定，或者希望用更大的光圈，此时可以利用程序偏移功能进行调整。

在 P 模式下，半按快门按钮，然后转动主拨盘直到显示所需要的快门速度或光圈数值，虽然光圈与快门速度数值发生了变化，但这些数值组合在一起仍然能够获得同样的曝光量。

在操作时，如果向右旋转主拨盘可以获得模糊背景细节的大光圈（低 F 值）或"锁定"动作的高速快门曝光组合；如果向左旋转主拨盘可获得增加景深的小光圈（高 F 值）或模糊动作的低速快门曝光组合。

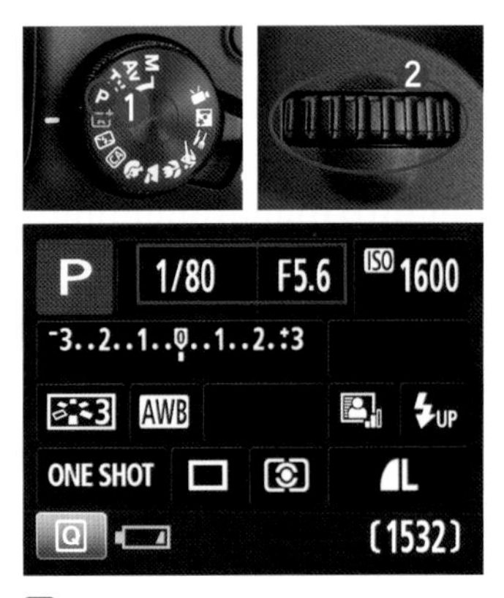

设定方法

将模式转盘转至 P 图标。在程序自动模式下，用户可以通过转动主拨盘来选择快门速度和光圈的不同组合

▲ 使用程序自动曝光模式可方便进行抓拍『焦距：150mm ┆ 光圈：F5.6 ┆ 快门速度：1/800s ┆ 感光度：ISO200』

高手点拨： 如果快门速度"30""和最大光圈闪烁，表示曝光不足，此时可以提高ISO感光度或使用闪光灯。

高手点拨： 如果快门速度"4000"和最小光圈闪烁，表示曝光过度，此时可以降低ISO感光度或使用中灰（ND）滤镜，以减少镜头的进光量。

快门优先曝光模式Tv

在此拍摄模式下，用户可以转动主拨盘从 30 秒至 1/4000 秒之间选择所需快门速度，然后相机会自动计算光圈的大小，以获得正确的曝光组合。

较高的快门速度可以凝固动作或者移动的主体；较慢的快门速度可以形成模糊效果，从而获得动感效果。

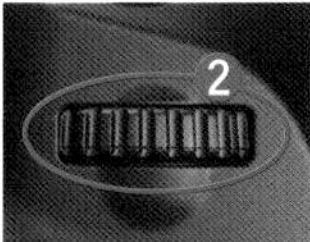

设定方法

将模式转盘转至 Tv 图标。在快门优先曝光模式下，用户可以转动主拨盘调整快门速度数值

▲用快门优先曝光模式抓拍到鸟儿起飞的精彩瞬间『焦距：600mm ┆ 光圈：F5.6 ┆ 快门速度：1/2500s ┆ 感光度：ISO200』

光圈优先曝光模式 Av

在光圈优先曝光模式下，相机会根据当前设置的光圈大小自动计算出合适的快门速度。使用光圈优先曝光模式可以控制画面的景深，在同样的拍摄距离下，光圈越大，则景深越小，即画面中的前景、背景的虚化效果就越好；反之，光圈越小，则景深越大，即画面中的前景、背景的清晰度就越高。

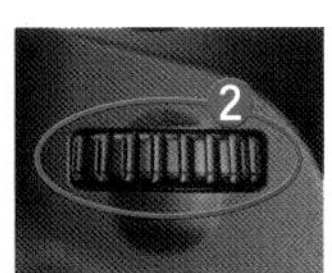

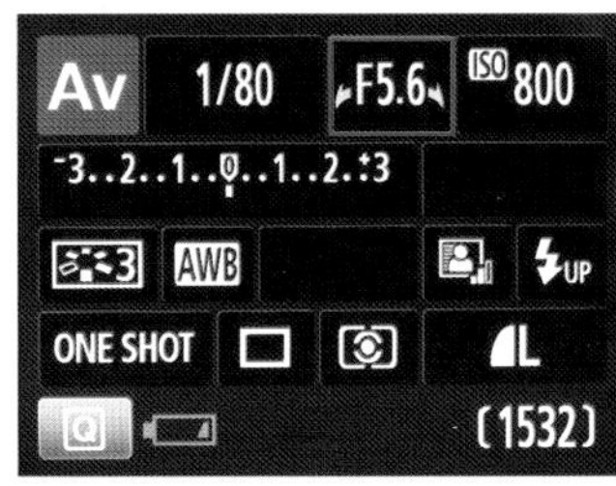

设定方法

将模式转盘转至 Av 图标。在光圈优先曝光模式下，可以转动主拨盘调节光圈数值

◀使用光圈优先曝光模式并配合大光圈的运用，可以得到非常漂亮的背景虚化效果，这也是人像摄影中很常见的一种表现形式『焦距：85mm ┆ 光圈：F2.8 ┆ 快门速度：1/500s ┆ 感光度：ISO100』

全手动曝光模式 M

在全手动曝光模式下，所有拍摄参数都需要摄影师手动进行设置，使用此模式拍摄有以下优点。

首先，使用 M 挡全手动曝光模式拍摄时，当摄影师设置好恰当的光圈、快门速度数值后，即使移动镜头进行再次构图，光圈与快门速度的数值也不会发生变化。

其次，使用其他曝光模式拍摄时，往往需要根据场景的亮度，在测光后进行曝光补偿操作；而在 M 挡全手动曝光模式下，由于光圈与快门速度的数值都是由摄影师设定的，因此设定的同时就可以将曝光补偿考虑在内，从而省略了曝光补偿的设置过程。因此，在全手动曝光模式下，摄影师可以按自己的想法让影像曝光不足，以使照片显得较暗，给人忧伤的感觉；或者让影像稍微过曝，拍摄出明快的高调照片。

另外，当在摄影棚拍摄并使用了频闪灯或外置非专用闪光灯时，由于无法使用相机的测光系统，而需要使用测光表或通过手动计算来确定正确的曝光值，此时就需要手动设置光圈和快门速度，从而实现正确的曝光。

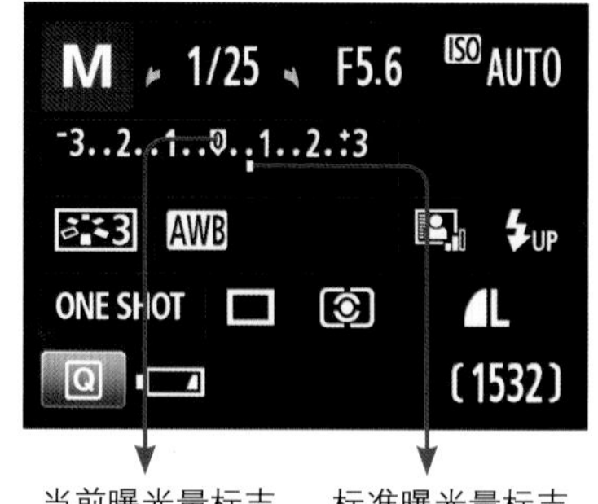

高手点拨： 在改变光圈或快门速度时，曝光量标志会左右移动，当曝光量标志位于标准曝光量标志的位置时，能获得相对准确的曝光

设定方法

在全手动曝光模式下，转动主拨盘可以调节快门速度值，按住Av按钮的同时旋转主拨盘可以调节光圈值

『焦距：40mm ┆ 光圈：F8 ┆ 快门速度：1/125s ┆ 感光度：ISO200』

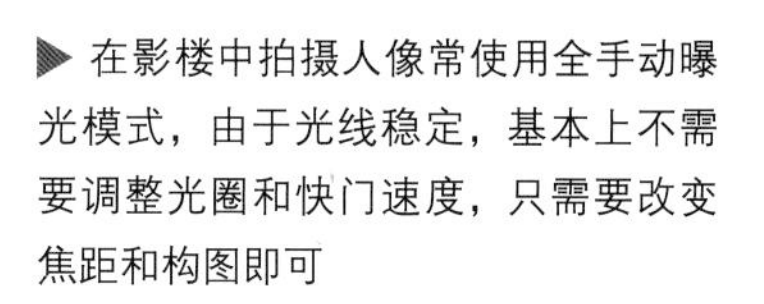

▶ 在影楼中拍摄人像常使用全手动曝光模式，由于光线稳定，基本上不需要调整光圈和快门速度，只需要改变焦距和构图即可

B门曝光模式

使用B门模式拍摄时，持续地完全按下快门按钮将使快门一直处于打开状态，直到松开快门按钮时快门被关闭，即完成整个曝光过程，因此曝光时间取决于快门按钮被按下与被释放的过程。

由于使用这种曝光模式拍摄时，可以持续地长时间曝光，因此特别适合拍摄光绘、天体、焰火等需要长时间曝光并手动控制曝光时间的题材。

需要注意的是，使用B门模式拍摄时，为了避免所拍摄的照片模糊，应该使用三脚架及遥控快门线辅助拍摄，若不具备条件，至少也要将相机放置在平稳的水平面上。

设定方法

在M挡全手动曝光模式下，向左旋转主拨盘将快门速度设定为BULB，即可切换至B门模式

▲这幅拍摄了42分钟的照片，捕捉到了星星运动的轨迹，而如此长的曝光时间，也只有在B门模式下才可以完成『焦距：20mm ┊ 光圈：F4 ┊ 快门速度：2513s ┊ 感光度：ISO200』

Chapter 05

拍出佳片必须掌握的高级曝光技巧

利用柱状图准确判断曝光情况

柱状图的作用

柱状图是相机曝光所捕获的影像色彩或影调的信息，是一种反映照片曝光情况的图示。

通过查看柱状图所呈现的效果，可以帮助拍摄者判断曝光情况，并据此判断是否进行相应调整，以得到最佳曝光效果。另外，采用实时显示模式拍摄时，通过柱状图可以检测画面的成像效果，给拍摄者提供重要的曝光信息。

很多摄影爱好者都会陷入这样一个误区，液晶屏中显示的影像很棒，便以为真正的曝光效果也会不错，但事实并非如此。这是由于很多相机的液晶屏还处于出厂时的默认状态，液晶屏的对比度和亮度都比较高，令摄影师误以为拍摄到的影像很漂亮，倘若不看柱状图，往往会感觉照片曝光正合适，但在计算机屏幕上观看时，却发现拍摄时感觉还不错的照片，暗部层次却丢失了，即使是使用后期处理软件挽回部分细节，效果也不是太好。

因此，在拍摄时要随时查看照片的柱状图，这是唯一值得信赖的判断曝光是否正确的依据。

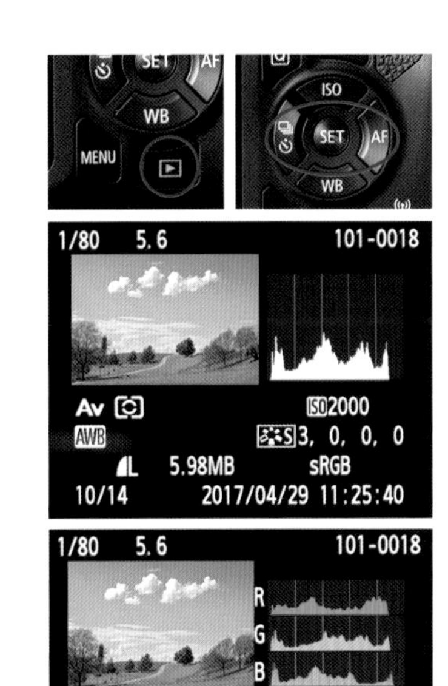

设定方法

按下播放按钮并按◀或▶方向键选择照片，然后按下 DISP. 按钮切换至拍摄信息显示或 RGB 柱状图界面，即可查看所选照片的柱状图。

高手点拨：柱状图只是我们评价照片曝光是否准确的重要依据，而非评价好照片的依据，在特殊的表现形式下，曝光过度或曝光不足都可以呈现出独特的视觉效果，因此不能以此作为评价照片优劣的标准。

◀ 在拍摄时，通常可利用柱状图判断画面的曝光是否合适『焦距：70mm ┆ 光圈：F2.8 ┆ 快门速度：1/500s ┆ 感光度：ISO200』

利用柱状图分区判断曝光情况

下面这张图标示出了柱状图每个分区和图像亮度之间的关系，像素堆积在左侧或者右侧的边缘意味着部分图像是超出柱状图范围的。其中右侧边缘出现黑色线条表示照片中有部分像素曝光过度，摄影师需要根据情况调整曝光参数，以避免照片中出现大面积曝光过度的区域。如果第 8 分区或者更高的分区有大量黑色线条，代表图像有较亮的高光区域，而且这些区域是有细节的。

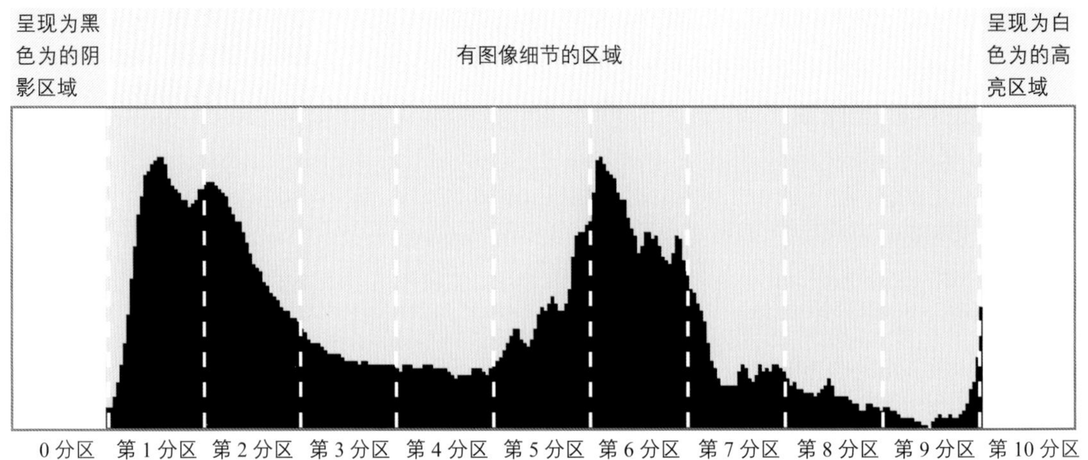

数码相机的区域系统

分区序号	说明	分区序号	说明
0分区	黑色	第 6 分区	色调较亮，色彩柔和
第1分区	接近黑色	第 7 分区	明亮、有质感，但是色彩有些苍白
第2分区	有些许细节	第 8 分区	有少许细节，但基本上呈模糊苍白的状态
第3分区	灰暗、细节呈现效果不错，但是色彩比较模糊	第 9 分区	接近白色
第4分区	色典和色彩都比较暗	第 10 分区	纯白色
第5分区	中间色调、中间色彩		

▲ 柱状图分区说明表

要注意的是，第 0 分区和第 10 分区分别指黑色和白色，虽然大小与第 1~9 区相同，但实际上它只是代表直方图最左边（黑色）和最右边（白色）。

认识三种典型的柱状图

柱状图的横轴表示亮度等级（从左至右分别对应黑与白），纵轴表示图像中各种亮度像素数量的多少，峰值越高则表示这个亮度的像素数量就越多。

所以，拍摄者可通过观看柱状图的显示状态来判断照片的曝光情况，若出现曝光不足或曝光过度，调整曝光参数后再进行拍摄，即可获得一张曝光准确的照片。

曝光过度的柱状图

当照片曝光过度时，画面中会出现死白的区域，很多细节都丢失了，反映在柱状图上就是像素主要集中于横轴的右端（最亮处），并出现像素溢出现象，即高光溢出，而左侧较暗的区域则无像素分布，故该照片在后期无法补救。

曝光准确的柱状图

当照片曝光准确时，画面的影调较为均匀，且高光、暗部或阴影处均无细节丢失，反映在柱状图上就是在整个横轴上从最黑的左端到最白的右端都有像素分布，后期可调整余地较大。

曝光不足的柱状图

当照片曝光不足时，画面中会出现无细节的死黑区域，丢失了过多的暗部细节，反映在柱状图上就是像素主要集中于横轴的左端（最暗处），并出现像素溢出现象，即暗部溢出，而右侧较亮区域少有像素分布，故该照片在后期也无法补救。

▲ 曝光过度

▲ 曝光准确

▲ 曝光不足

辩证分析柱状图

在使用柱状图判断照片的曝光情况时，不可死搬硬套前面所讲述的理论，因为高调或低调照片的柱状图看上去与曝光过度或曝光不足画面的柱状图很像，但这些照片并非曝光过度或曝光不足，这一点从下面展示的两张照片及其相应的柱状图中就可以看出来。

因此，检查柱状图后，要视具体拍摄题材和所要表现的画面效果灵活调整曝光参数。

▲ 画面中的白色所占面积很大，虽然直方图中的线条主要分布在右侧，但这是一幅典型的高调效果的画面，所以应与其他曝光过度照片的直方图区别看待『焦距：24mm ┆ 光圈：F8 ┆ 快门速度：1/250s ┆ 感光度：ISO100』

▲ 这是一幅典型的低调效果照片，画面中暗调面积较大，直方图中的线条主要分布在左侧，但这是摄影师刻意追求的效果，与曝光不足有本质上的不同『焦距：70mm ┆ 光圈：F14 ┆ 快门速度：1/500s ┆ 感光度：ISO160』

设置曝光补偿以获得准确的曝光

曝光补偿的含义

相机的测光原理是基于18%中性灰建立的，由于数码单反相机的测光主要是由场景物体的平均反光率确定的。因为除了反光率比较高的场景（如雪景、云景）及反光率比较低的场景（如煤矿、夜景），其他大部分场景的平均反光率都在18%左右，而这一数值正是灰度为18%物体的反光率。因此，可以简单地将测光原理理解为：当所拍摄场景中被摄物体的反光率接近于18%时，相机就会做出正确的测光。

所以，在拍摄一些极端环境，如较亮的白雪场景或较暗的弱光环境时，相机的测光结果就是错误的，此时就需要摄影师通过调整曝光补偿来得到正确的拍摄结果。

通过调整曝光补偿数值，可以改变照片的曝光效果，从而使拍摄出来的照片传达出摄影师的表现意图。例如，通过增加曝光补偿，使照片轻微曝光过度以得到柔和的色彩与浅淡的阴影，使照片有轻快、明亮的效果；或者通过减少曝光补偿，使照片变得阴暗。

在拍摄时，是否能够主动运用曝光补偿技术，是判断一位摄影师是否真正理解摄影的光影奥秘的标志之一。

曝光补偿通常用类似"$\pm n$EV"的方式来表示。"EV"是指曝光值，"+1EV"是指在自动曝光的基础上增加1挡曝光；"-1EV"是指在自动曝光的基础上减少1挡曝光，依此类推。Canon EOS 1300D的曝光补偿范围为-5.0~+5.0EV，可以设置以1/3EV或1/2EV为单位对曝光进行调整。

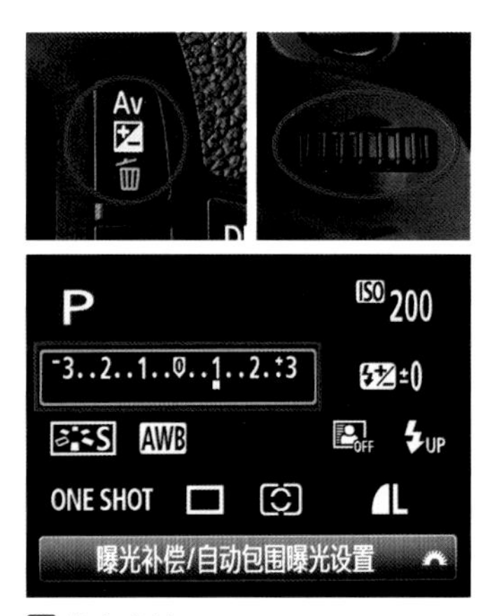

设定方法

在P、Tv、Av模式下，半按快门查看取景器曝光量指示标尺，然后按曝光补偿按钮并转动主拨盘即可调节曝光补偿值。

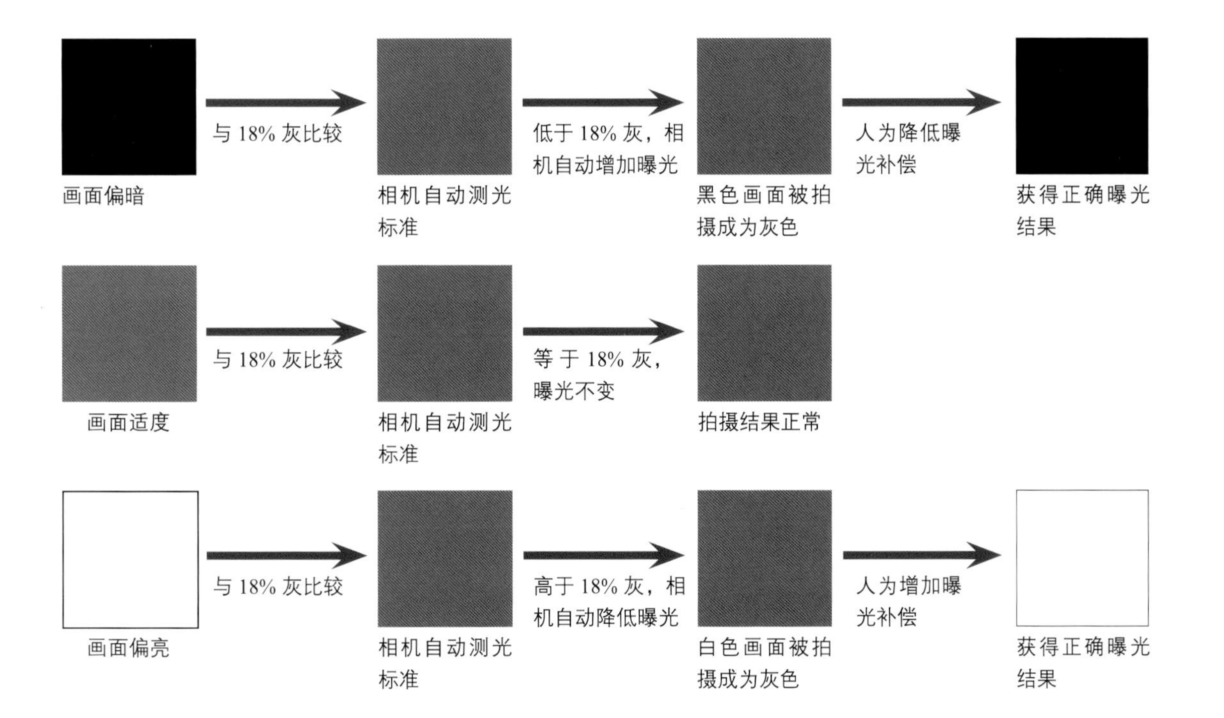

增加曝光补偿还原白色雪景

很多摄影初学者在拍摄雪景时，往往会把白雪拍摄成灰色，主要问题就是在拍摄时没有设置曝光补偿。

由于雪对光线的反射十分强烈，因此会导致相机的测光结果出现较大的偏差。而如果能在拍摄前增加一挡左右曝光补偿（具体曝光补偿的数值要视雪景的面积而定，雪景面积越大，曝光补偿的数值也应越大），就可以拍摄出色彩洁白的雪景。

▲ 在拍摄时增加 1 挡曝光补偿，使雪的颜色显得很白『焦距：70mm ┆ 光圈：F7.1 ┆ 快门速度：1/320s ┆ 感光度：ISO200』

降低曝光补偿还原纯黑

当拍摄主体位于黑色背景前时，按相机默认的测光结果拍摄，黑色往往显得有些灰旧。为了得到纯黑的背景，需要使用曝光补偿功能来适当降低曝光量，以此来得到想要的效果（具体曝光补偿的数值要视暗调背景的面积而定，面积越大，曝光补偿的数值也应越大）。

在拍摄时减少了 0.3 挡曝光补偿，从而获得了黑色的背景，使花朵在画面中显得特别突出『焦距：200mm ┆ 光圈：F5.6 ┆ 快门速度：1/160s ┆ 感光度：ISO100』

正确理解曝光补偿

许多摄影初学者在刚接触曝光补偿时，以为使用曝光补偿可以在曝光参数不变的情况下，提亮或加暗画面，这实际上是错误的。

实际上，曝光补偿是通过改变光圈或快门速度来提亮或加暗画面的，即在光圈优先曝光模式下，如果增加曝光补偿，相机实际上是通过降低快门速度来实现的；反之，则通过提高快门速度来实现。在快门优先曝光模式下，如果增加曝光补偿，相机实际上是通过增大光圈来实现的（当光圈达到镜头所标示的最大光圈时，曝光补偿就不再起作用）；反之，则通过缩小光圈来实现。

下面通过两组照片及其拍摄参数来佐证这一点。

▲ 焦距：50mm 光圈：F3.2 快门速度：1/8s 感光度：ISO100 曝光补偿：-0.3

▲ 焦距：50mm 光圈：F3.2 快门速度：1/6s 感光度：ISO100 曝光补偿：0

▲ 焦距：50mm 光圈：F3.2 快门速度：1/4s 感光度：ISO100 曝光补偿：+0.3

▲ 焦距：50mm 光圈：F3.2 快门速度：1/2s 感光度：ISO100 曝光补偿：+0.7

从上面展示的 4 张照片中可以看出，在光圈优先曝光模式下，改变曝光补偿实际上是改变了快门速度。

▲ 焦距：50mm 光圈：F4 快门速度：1/4s 感光度：ISO100 曝光补偿：-0.3

▲ 焦距：50mm 光圈：F3.5 快门速度：1/4s 感光度：ISO100 曝光补偿：0

▲ 焦距：50mm 光圈：F3.2 快门速度：1/4s 感光度：ISO100 曝光补偿：+0.3

▲ 焦距：50mm 光圈：F2.5 快门速度：1/4s 感光度：ISO100 曝光补偿：+0.7

从上面展示的 4 张照片中可以看出，在快门优先曝光模式下，改变曝光补偿实际上是改变了光圈大小。

Q：为什么有时即使不断增加曝光补偿，所拍摄出来的画面仍然没有变化？

A：发生这种情况，通常是由于曝光组合中的光圈值已经达到了镜头的最大光圈导致的。

利用曝光锁定功能锁定曝光值

利用曝光锁定功能可以在测光期间锁定曝光值。此功能的作用是，允许摄影师针对某一个特定区域进行对焦，而对另一个区域进行测光，从而拍摄出曝光正常的照片。

Canon EOS 1300D 的曝光锁定按钮在机身上显示为“✱”。使用曝光锁定功能的方便之处在于，即使我们松开半按快门的手，重新进行对焦、构图，只要按住曝光锁定按钮，那么相机还是会以刚才锁定的曝光参数进行曝光。

▲ Canon EOS 1300D 的曝光锁定按钮

进行曝光锁定的操作方法如下：

❶ 对准选定区域进行测光，如果该区域在画面中所占比例很小，则应靠近被摄物体，使其充满取景器的中央区域。

❷ 半按快门，此时在取景器中会显示一组光圈和快门速度组合数据。

❸ 释放快门，按下曝光锁定按钮✱，相机会记住刚刚得到的曝光值。

❹ 重新取景构图、对焦，完全按下快门即可完成拍摄。

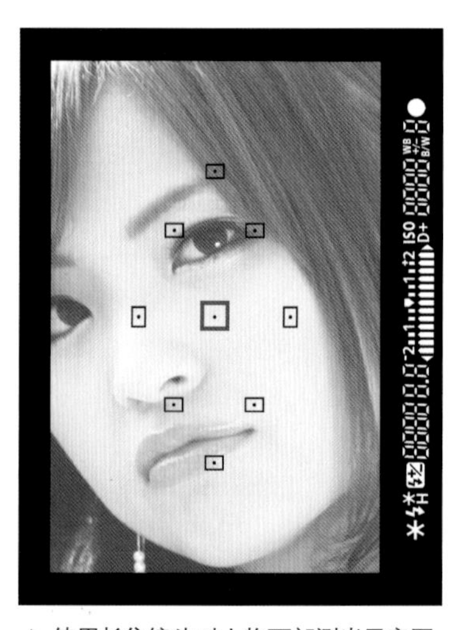

▲ 使用长焦镜头对人物面部测光示意图

◀ 先对人物的面部进行测光，锁定曝光并重新构图后再进行拍摄，从而保证面部获得正确的曝光『焦距：50mm ┆ 光圈：F3.2 ┆ 快门速度：1/250s ┆ 感光度：ISO100』

利用自动亮度优化同时表现高光与阴影区域细节

通常在拍摄光比较大的画面时容易丢失细节，最终画面中会出现亮部过亮、暗部过暗或明暗反差较大的情况，此时就可以启用“自动亮度优化”功能对其进行不同程度的校正。

例如，在直射明亮阳光下拍摄时，拍出的照片中容易出现较暗的阴影与较亮的高光区域，启用“自动亮度优化”功能，可以确保所拍出照片中的高光区域和阴影区域的细节不会丢失，因为此功能会使照片的曝光稍欠一些，有助于防止照片的高光区域完全变白而显示不出任何细节，同时还能够避免因为曝光不足而使阴影区域中的细节丢失。

除了使用右侧展示的菜单设置此功能外，还可以用右下方展示的速控屏幕对此功能进行设置。

Q：为什么有时无法设置自动亮度优化？

A：如果在“设置菜单 3”中将“高光色调优先”设置为“启用”，则自动亮度优化设置将被自动取消。

在实际拍摄时，先将“高光色调优先”设置为“关闭”，才可以启用“自动亮度优化”功能。

设定步骤

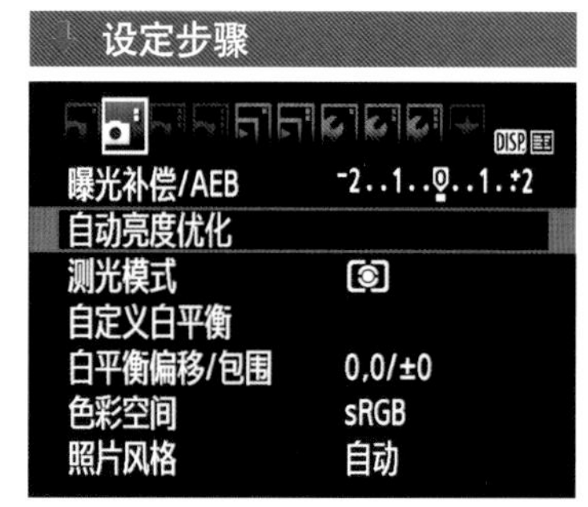

❶ 在**拍摄菜单 2** 中选择**自动亮度优化**选项

❷ 按下◀或▶方向键选择不同的优化强度，然后按下 SET 按钮确认

设定方法

按下Q按钮并使用▲、▼、◀、▶方向键选择自动亮度优化图标，然后转动主拨盘选择不同的优化强度。

◀ 启用“自动亮度优化”功能后，画面中的高光区域与阴影区域的细节还是较为丰富的『焦距：18mm ┊ 光圈：F7.1 ┊ 快门速度：1/100s ┊ 感光度：ISO200』

利用高光色调优先增加高光区域细节

“高光色调优先”功能可以有效地增加高光区域的细节，使灰度与高光之间的过渡更加平滑。这是因为开启这一功能后，可以使拍摄时的动态范围从标准的 18% 灰度扩展到高光区域。

但是，使用该功能拍摄时，画面中的噪点可能会更加明显。启用“高光色调优先”功能后，将会在液晶显示屏和取景器中显示“**D+**”符号。相机可以设置的 ISO 感光度范围也变为 ISO200~ISO6400。

▲ 使用“高光色调优先”功能可将画面表现得更加自然、平滑『焦距：85mm ┆ 光圈：F2.8 ┆ 快门速度：1/500s ┆ 感光度：ISO400』

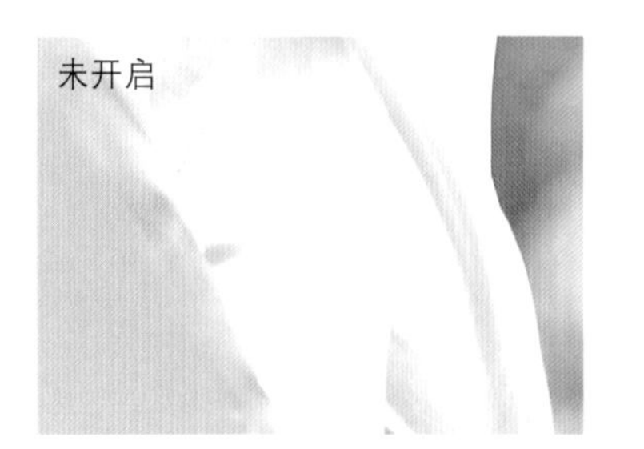

▲ 这两幅图是启用“高光色调优先”功能前后拍摄的局部画面对比，从中可以看出，启用此功能后，画面很好地兼顾了高光区域的细节

设定步骤

❶ 在**设置菜单 3** 中选择**自定义功能（C.Fn）**选项

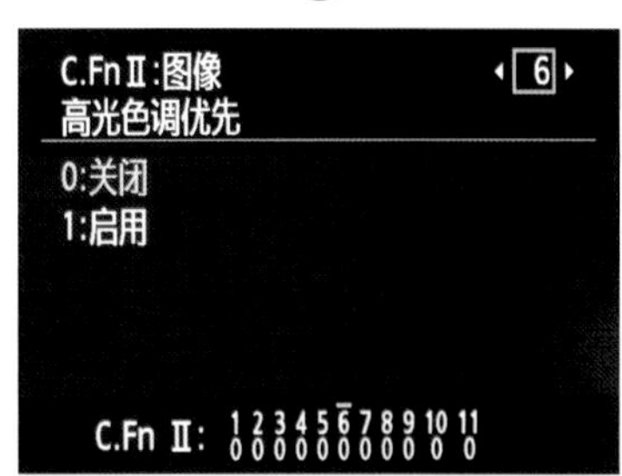

❷ 按下◀或▶方向键选择 **C.Fn Ⅱ：图像（6）高光色调优先**选项，然后按下 SET 按钮确认

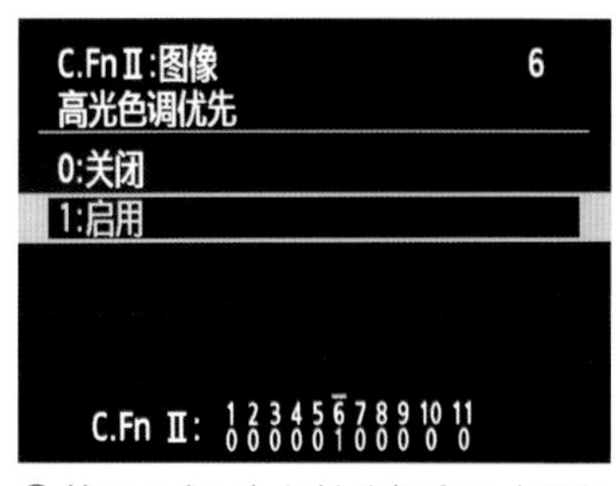

❸ 按下▲或▼方向键选择**启用**或**关闭**选项，然后按下 SET 按钮确认

06

Chapter

Canon EOS 1300D 实时显示与高清视频拍摄技巧

光学取景器拍摄与实时取景显示拍摄原理

数码单反相机的拍摄方式有两种，一种是使用光学取景器拍摄的传统方法，另一种方式是使用实时取景显示模式进行拍摄。实时取景显示拍摄最大的变化是将液晶屏作为取景器，而且还使实时面部优先自动对焦和通过手动进行精确对焦成为可能。

光学取景器拍摄原理

光学取景拍摄是指摄影师通过数码相机上方的光学取景器观察景物进行拍照的过程。

其工作原理是：光线通过镜头射入机身上的反光镜上，然后反光镜把光线反射到五面镜上。

拍摄者通过五面镜上反射回来的光线就可以直接查看被摄对象了。因为采用这种方式拍摄时，人眼看到的景物和相机看到的景物基本是一致的，所以误差较小。

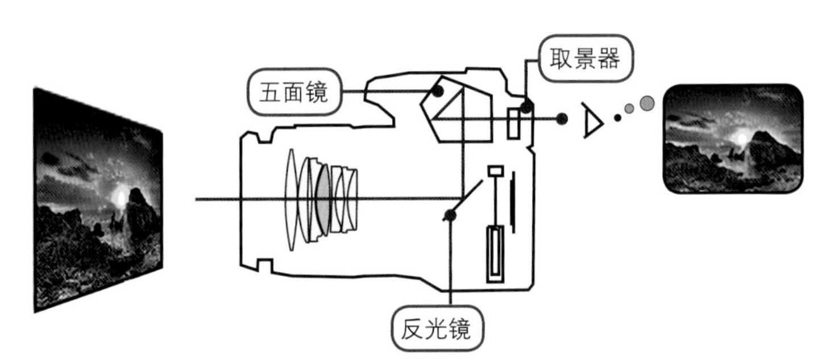

▲ 光学取景拍摄原理示意图

实时取景显示拍摄原理

实时取景显示拍摄是指摄影师通过数码相机上的液晶屏观察景物进行拍摄的过程。

其工作原理是：当位于镜头和图像感应器之间的反光镜处于抬起状态时，光线通过镜头后，直接射向图像感应器，图像感应器把捕捉到的光线作为图像数据传送至液晶屏，并且在液晶屏上进行显示。在这种显示模式下，更有利于对各种设置进行调整和模拟曝光。

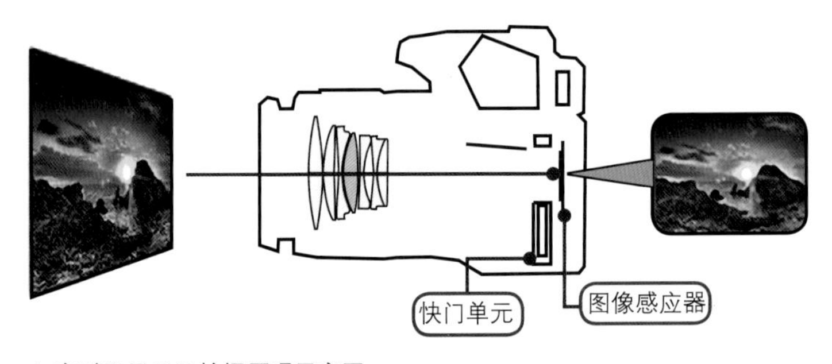

▲ 实时取景显示拍摄原理示意图

实时显示拍摄的特点

能够使用更大的屏幕进行观察

实时显示拍摄能够直接将液晶屏作为取景器使用，由于液晶屏的尺寸比光学取景器要大很多，所以能够显示视野率 100% 的清晰图像，从而更加方便观察被摄景物的细节。拍摄时摄影师也不用再将眼睛紧贴着相机，构图也变得更加方便。

易于精确合焦以保证照片更清晰

由于实时显示拍摄可以将对焦点位置的图像放大，所以拍摄者在拍摄前就可以确定照片的对焦点是否准确，从而保证拍摄后的照片更加清晰。

▶ 以蝴蝶的头部作为对焦点，对焦时放大观察蝴蝶的头部，从而拍摄出清晰的照片

具有实时面部优先拍摄的功能

实时显示拍摄具有实时面部优先的功能，当使用此模式拍摄时，相机能够自动检测画面中人物的面部，并且对人物的面部进行对焦。对焦时会显示对焦框，如果画面中的人物不止一个，就会出现多个对焦框，可以在这些对焦框中任意选择希望合焦的面部。

▶ 使用实时面部优先模式，能够轻松地拍摄出面部清晰的人像

能够对拍摄的图像进行曝光模拟

使用实时显示模式拍摄时，不但可以通过液晶屏查看被摄景物，而且还能够在液晶屏上反映出不同参数设置带来的明暗和色彩变化。例如，可以通过设置不同的白平衡模式并观察画面色彩的变化，以从中选择出最合适的白平衡模式。这种所见即所得的白平衡选择方式，最适合入门级摄影爱好者，可以更加直观地感受到不同白平衡所带来的画面色彩的变化，从而准确地选择所要使用的白平衡模式。

▶ 在液晶屏上进行白平衡调节，图片的颜色会随之改变

实时显示模式典型应用案例

微距摄影

对于微距摄影而言，清晰是评判照片是否成功的标准之一，微距花卉摄影也不例外。由于微距照片的景深都很浅，所以，在进行微距花卉摄影时，对焦是影响照片成功与否的关键因素。

为了保证焦点清晰，比较稳妥的对焦方法是把焦点位置的图像放大后，调整最终的合焦位置，然后释放快门。这种把焦点位置图像放大的方法，在使用实时显示模式拍摄时可以很轻易实现。

在实时显示模式下，使用◀、▲、◀、▶方向键将对焦框移至想放大查看的位置，然后不断按下放大按钮🔍，即可将液晶屏中的图像以 1 倍、5 倍、10 倍的显示倍率进行放大，以检查拍摄的照片是否准确合焦。

▲ 使用实时显示模式拍摄时液晶屏的显示状态

▲ 按下放大按钮🔍，以 5 倍的显示倍率显示当前拍摄对象时液晶屏的显示状态

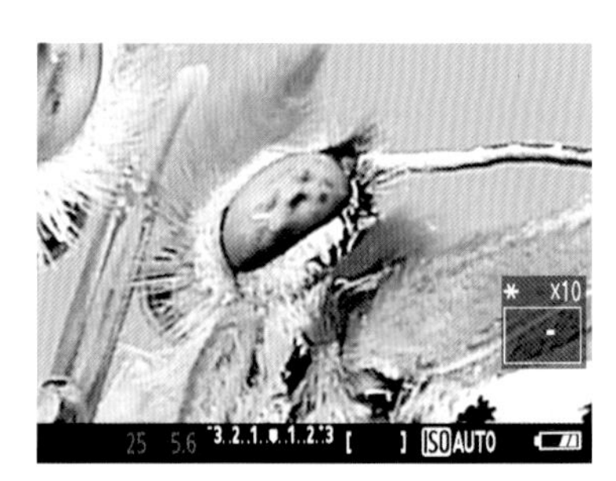

▲ 再次按下放大按钮🔍后，以 10 倍的显示倍率显示当前拍摄对象时液晶屏的显示状态

商品摄影

商品摄影对图片质量的要求非常高，照片中焦点的位置、清晰的范围以及画面的明暗都应该是摄影师认真考虑的问题，这些都需要经过耐心调试和准确控制才能获得。使用实时显示模式拍摄时，拍摄前就可以预览拍摄完成后的效果，所以可以更好地控制照片的细节。

▲ 开启实时显示模式后液晶屏的显示效果

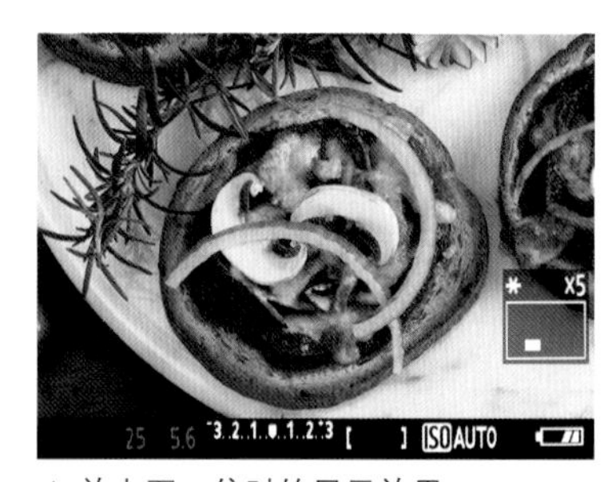

▲ 放大至 5 倍时的显示效果

▲ 放大至 10 倍时的显示效果，食品的细节清晰可见，因此可以进行精确的合焦拍摄

人像摄影

拍出有神韵人像的秘诀是对焦于被摄者的眼睛，保证眼睛的位置在画面中是最清晰的。使用光学取景器拍摄时，由于对焦点较小，因此如果拍摄的是全景人像，可能会由于模特的眼睛在画面中所占的面积较小，而造成对焦点偏移，最终导致画面中最清晰的位置不是眼睛，而是眉毛或眼袋等位置。

如果使用实时显示模式拍摄，则出错的概率要小许多，因为在拍摄时可以通过放大画面仔细观察对焦位置是否正确。

▲利用实时显示模式拍摄，可以将人物的眼睛拍得非常清晰『焦距：200mm ┆ 光圈：F8 ┆ 快门速度：1/200s ┆ 感光度：ISO100』

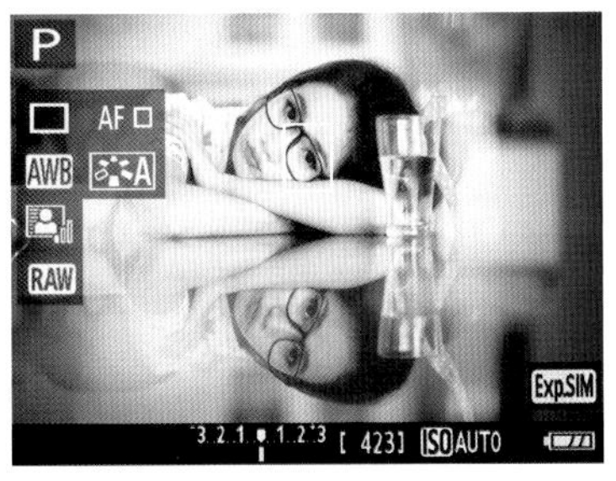

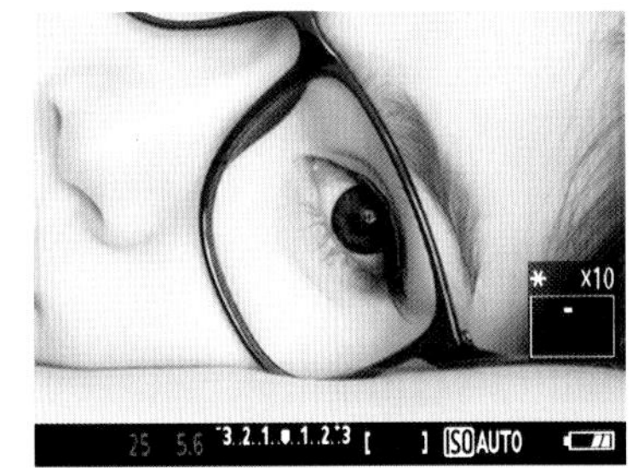

▲在拍摄人像时，人物的眼睛一般都会成为焦点，使用实时显示模式拍摄并把眼睛的局部放大，可以确保画面中眼睛足够清晰

设置实时显示拍摄参数

开启实时显示拍摄功能

在 Canon EOS 1300D 相机中，要开启实时显示拍摄功能，按下相机背面的按钮，实时显示图像将会出现在液晶屏上，此时即可进行实时显示拍摄了。

实时显示状态下的信息设置

在实时显示拍摄模式下，按下 INFO.按钮，将在屏幕中显示可以设置或查看的参数。连续按下 DISP 按钮，可以在不同的信息显示内容之间进行切换。

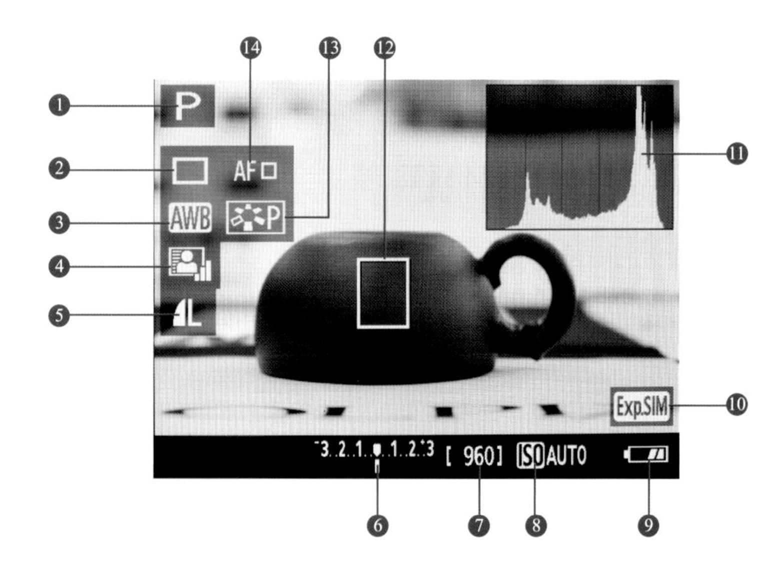

❶ 拍摄模式
❷ 驱动模式
❸ 白平衡自动对焦操作
❹ 自动亮度优化
❺ 图像记录画质
❻ 曝光量指示标尺
❼ 可拍摄数量
❽ ISO感光度
❾ 电池电量
❿ 曝光模拟
⓫ 柱状图
⓬ 自动对焦点
⓭ 照片风格
⓮ 自动对焦方式

自动对焦方式

利用此菜单可以选择使用实时显示拍摄模式时最适合拍摄环境或者拍摄主体的对焦方式。

设定步骤

❶ 在**拍摄菜单** 4 中选择**自动对焦方式**选项

❷ 按下▲或▼方向键选择一个选项，然后按下 SET 按钮确定

▲ 选择AF □图标（自由移动 1 点）

▲ 选择AF图标（面部优先实时模式）

▲ 选择AF Quick图标（快速模式）

- 面部优先实时模式AF：选择此选项，可以让相机优先对被摄人物脸部进行对焦，但需要让被摄对象面对相机，当相机检测到人的面部时，会在要对焦的脸上出现自动对焦点。如果检测到多个人的面部，将显示，按下◀或▶方向键可将框移动到所需的目标面部上。如果被摄体不是面部，会显示自动对焦点□，并在画面中央位置进行自动对焦。
- 自由移动 1 点 AF □：选择此选项，液晶屏上只显示 1 个自动对焦点，可以通过按下◀、▶、▲、▼方向键将自动对焦点移动到想到对焦的位置（无法移动到屏幕边缘），按下 SET 按钮则选择中央对焦位置，当自动对焦点对准被摄体时半按快门即可。如果自动对焦点变为绿色并发出提示音，表明合焦正确；如果没有合焦，自动对焦点将会以橙色显示。
- 快速模式AFQuick：选择此选项，可以让相机自动选择使用 9 个自动对焦点进行对焦，也可以手动选择 1 个自动对焦点进行对焦。在实时显示模式下，确保自动对焦方式是快速模式的情况下，按下Q按钮显示速控屏幕，按下▲或▼方向键使自动对焦点激活，然后转动主拨盘选择自动对焦点。

高清视频拍摄基础

自从佳能在其全画幅单反 Canon EOS 5D Mark Ⅱ上提供了全高清视频拍摄功能后，视频拍摄功能便成为数码单反相机的标准配置。现在许多单反相机不仅能够拍摄全高清视频，而且还能焦，使被摄对象在画面中始终保持清晰状态，Canon EOS 1300D 便是这样一款单反相机。

视频格式

标清、高清与全高清的概念源于数字电视的工业标准，但随着使用数码相机拍摄视频的情况逐渐增多，已渐渐成为这两个行业的视频格式标准。标清是指物理分辨率在 720p 以下的一种视频显示格式，分辨率在 400 线左右的 VCD、DVD、电视节目等视频均属于标清格式。

物理分辨率达到 720p 以上的视频显示格式则称作高清，英文简称为 HD。

所谓全高清（FULL HD），是指物理分辨率达到 1920×1080 的视频显示格式，包括 1080i 和 1080p 两种，其中 i 是指隔行扫描，p 代表逐行扫描，这两者在画面精细度上有很大差别，1080p 的画质要胜过 1080i。

拍摄短片的基本设备

存储卡

短片拍摄占据的存储空间比较大，尤其是拍摄全高清短片时，更需要大容量、高存储速度的存储卡。建议使用本相机录制短片时，使用 SD 速率级别 6（CLASS⑥）或更高速的大容量 SD 存储卡。如果使用写入速度慢的存储卡，可能无法正确地记录短片，此外，如果回放读取速度慢的存储卡上的短片，也有可能无法正确播放短片。

镜头

与拍摄照片一样，拍摄短片时也可以更换镜头，佳能 EF 系列的所有镜头均可用于短片拍摄，甚至更早期的手动镜头，只要它可以安装在 Canon EOS 1300D 相机上，那么仍旧可以大显身手。

麦克风

如果录制的视频属于普通纪录性质，可以使用相机内置的麦克风。但如果希望收录噪音更小、音质更好的声音，需要使用专业的外接麦克风。

脚架

与专业的摄像设备相比，使用数码单反相机拍摄短片时最容易出现的一个问题，就是在手动变焦的时候容易引起画面的抖动，因此，一个坚固的三脚架是保证画面平稳不可或缺的器材。如果执著于使用相机拍摄短片，那么甚至可以购置一个质量好的视频控制架。

拍摄短片的基本流程

使用 Canon EOS 1300D 拍摄短片的操作比较简单，但其中的一些细节仍值得注意，因此下面将列出一个短片拍摄的基本流程。

❶ 将电源开关置于'▀位置。此时，反光镜会发出声音，然后图像会出现在液晶屏上。

❷ 拍摄短片之前，可以先进行自动对焦或手动对焦。

❸ 按下▀按钮开始拍摄短片。在拍摄短片时，“●”标记将显示在屏幕的右上方。

❹ 要停止短片拍摄，再次按下▀按钮即可。

▲ 将模式转盘转至'▀位置

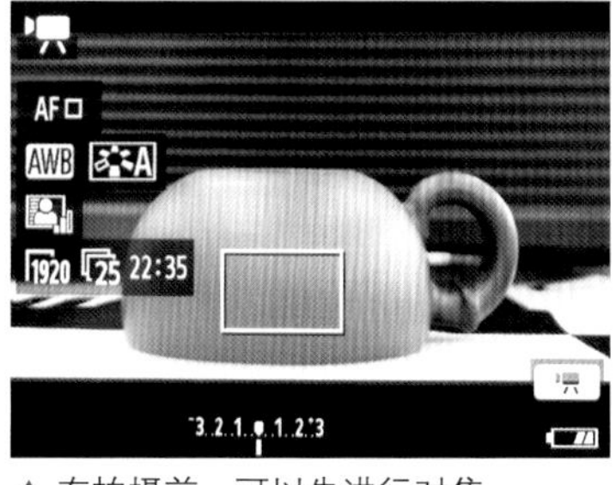

▲ 在拍摄前，可以先进行对焦

▲ 录制短片时，会在屏幕的右上角显示一个红色的圆

设置短片拍摄相关参数

短片拍摄菜单需要切换至短片拍摄模式时才会显示出来，其中还包括了一些与实时显示拍摄时相同的设置，在下面的讲解中将不再重述。

录音

使用相机的内置麦克风可录制单声道声音，通过将带有立体声微型插头（直径 3.5mm）的外接麦克风连接至相机，即可录制立体声，然后配合“录音”菜单中的参数设置，可以实现多样化的录音控制。

- 录音：选择“自动”选项，相机将会自动调节录音音量；选择“手动”选项，可将录音音量的电平调节为 64 个等级之一，适用于高级用户。选择“关闭”选项，将不会记录声音。
- 录音电平：当“录音”设置为“手动”选项时，可以选择此选项。按下◀或▶方向键调节录音电平的同时注视电平计，一边注视峰值指示（约 3 秒）一边进行调节，以使电平计某些时候点亮右侧表示最大量的“12”（-12 dB）标记。如果电平计超过“0”标记，声音将会失真。
- 风声抑制：选择“启用”选项，则可以减弱通过外接麦克风进入的室外风声噪音，包括某些低音调噪音；在无风的场所进行录制时，建议选择“关闭”选项，以便能录制到更加自然的声音。

高手点拨：在拍摄时，即使将“录音”设为“自动”或“手动”，如果有非常大的声音，仍然可能会导致声音失真。这种情况下，建议将“风声抑制”设为“启用”。

设定步骤

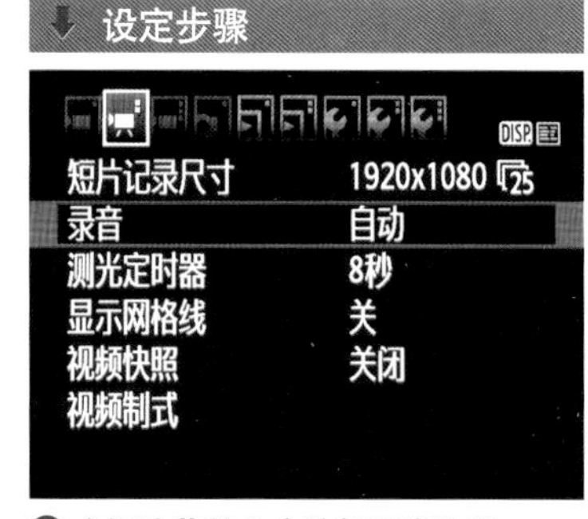

❶ 在**短片菜单** 2 中选择**录音**选项

❷ 按下▲或▼方向键选择不同的选项，并修改其参数

短片记录尺寸

在“短片记录尺寸”菜单中可以选择短片的图像大小、帧频及压缩方法，选择不同的尺寸拍摄时，所获得的视频清晰度不同，占用的空间也不同。

Canon EOS 1300D 支持的短片记录尺寸见下表。

短片记录尺寸		存储卡可记录时间		文件尺寸
		16GB	64GB	
1920×1080（全高清）	30	44分钟	2小时59分钟	340MB/分钟
	25			
	24			
1280×720（高清）	60	44分钟	2小时59分钟	340MB/分钟
	50			
640×480（标清）	30	2小时50分钟	11小时20分钟	90MB/分钟
	25			

设定步骤

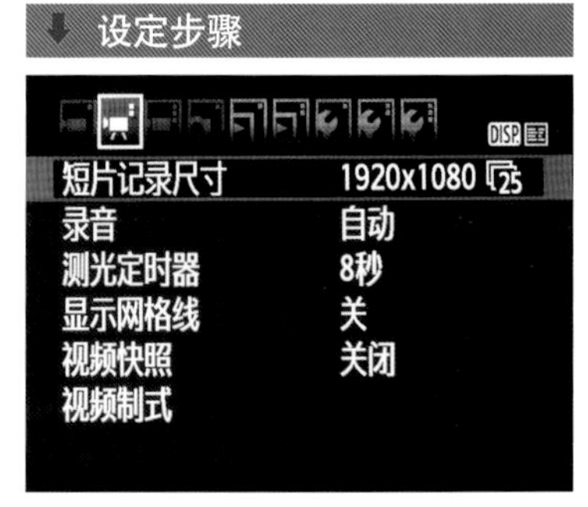

❶ 在**短片菜单** 2 中选择**短片记录尺寸**选项

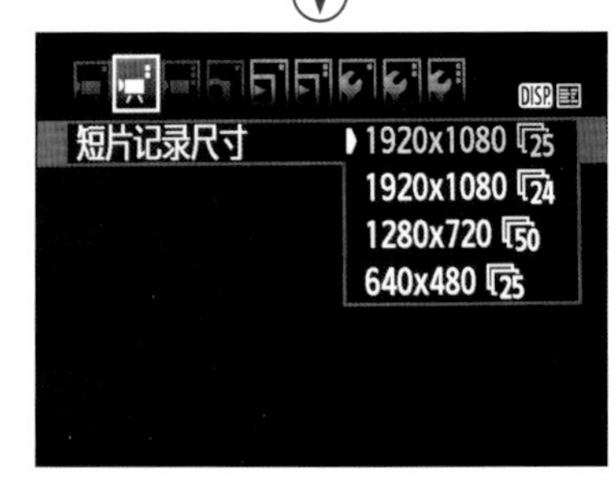

❷ 按下▲或▼方向键选择需要的尺寸选项，然后按下 SET 按钮确认

短片拍摄时使用快门按钮自动对焦

设为“启用”选项时，在短片拍摄期间，半按快门可以在拍摄期间进行自动对焦，但是无法进行连续对焦。

选择“关闭”选项，则半按快门无法进行自动对焦。

设定步骤

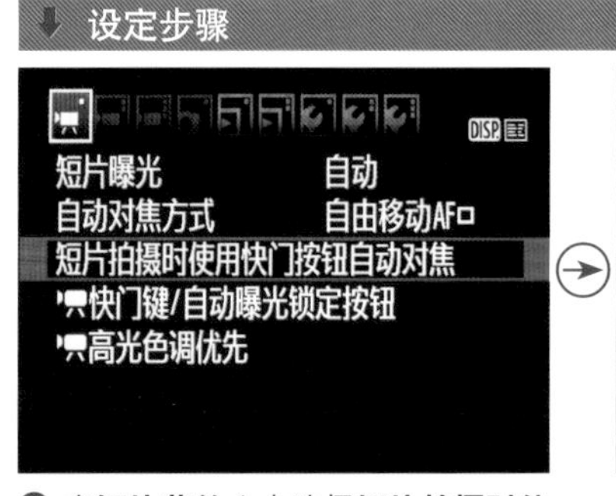

❶ 在**短片菜单** 1 中选择**短片拍摄时使用快门按钮自动对焦**选项

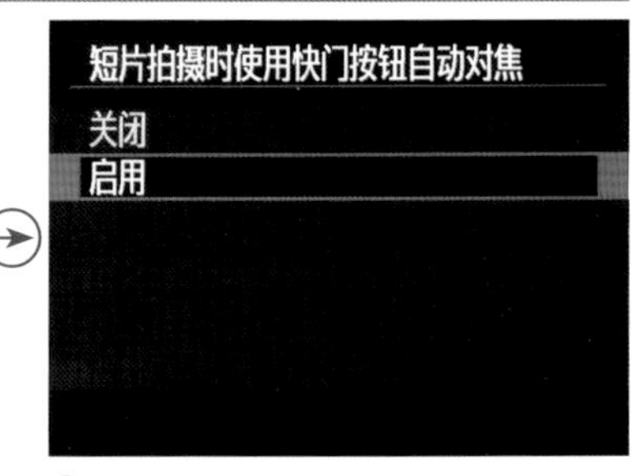

❷ 按下▲或▼方向键选择**启用**或**关闭**选项，然后按下 SET 按钮确认

短片曝光

通过“短片曝光”菜单，摄影师可以选择在拍摄短片时是由相机自动控制画面的曝光还是由摄影师手动控制画面的曝光。

选择“手动”选项后，摄影师可以自主选择光圈、快门速度和感光度的数值。

设定步骤

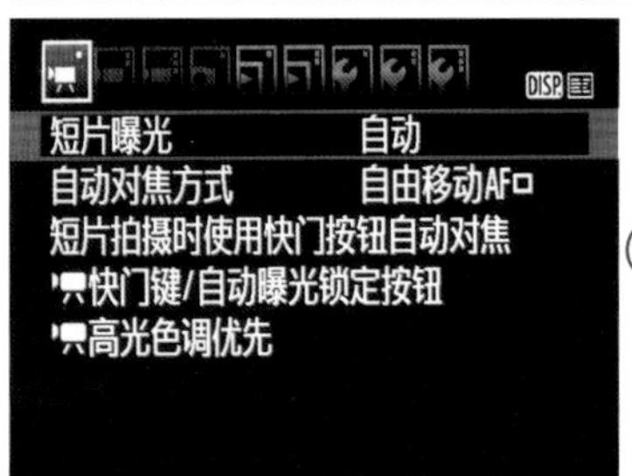

❶ 在**短片菜单** 1 中选择**短片曝光**选项

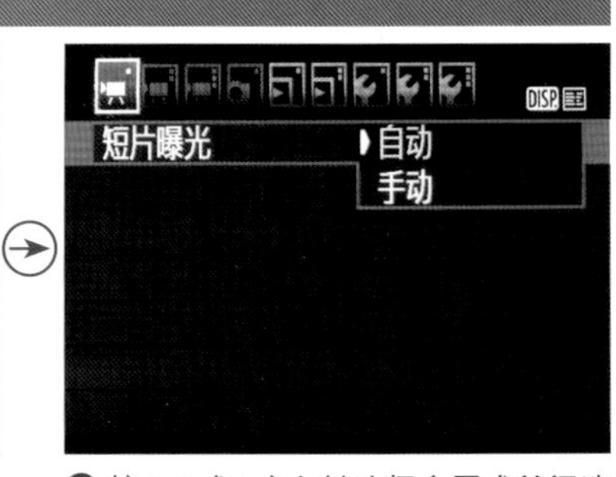

❷ 按下▲或▼方向键选择**启用**或**关闭**选项，然后按下 SET 按钮确认

07

Chapter

为Canon EOS 1300D选择合适的镜头

EF镜头名称解读

通常镜头名称中会包含很多数字和字母，EF系列镜头采用了独立的命名体系，各数字和字母都有特定的含义，熟记这些数字和字母代表的含义，就能很快地了解一款镜头的性能。

EF 24-105mm F4 L IS USM

❶ ❷ ❸ ❹

❶镜头种类

● EF

适用于EOS相机所有卡口的镜头均采用此标记，不仅可用于胶片单反相机，还可用于全画幅、APS-H画幅以及APS-C画幅的数码单反相机。

● MP-E

最大放大倍率在1倍以上的MP-E 65mm F2.8 1-5x 微距摄影镜头所使用的名称。MP是Macro Photo（微距摄影）的缩写。

● TS-E

可将光学结构中一部分镜片倾斜或偏移的特殊镜头的总称，也就是人们所说的“移轴镜头”。佳能原厂有24mm、45mm、90mm 3款移轴镜头。

❷焦距

表示镜头焦距的数值。定焦镜头采用单一数值表示，变焦镜头分别标记焦距范围两端的数值。

❸最大光圈

表示镜头所拥有最大光圈的数值。光圈恒定的镜头采用单一数值表示，如EF 70-200mm F2.8 L IS USM；浮动光圈的镜头标出光圈的浮动范围，如佳能EF 70-300mm F4-5.6 L IS USM。

❹镜头特性

● L

L为Luxury（奢侈）的缩写，表示此镜头属于高端镜头。此标记仅赋予通过了佳能内部特别标准认证的、具有优良光学性能的高端镜头。

● Ⅱ、Ⅲ

镜头基本上采用相同的光学结构，仅在细节上有微小差异时添加该标记。Ⅱ、Ⅲ表示是同一光学结构镜头的第2代和第3代。

● USM

表示自动对焦机构的驱动装置采用了超声波马达（USM）。USM将超声波振动转换为旋转动力从而驱动对焦。

● 鱼眼（Fisheye）

表示对角线视角为180°（全画幅时）的鱼眼镜头。之所以称之为鱼眼，是因为其特性接近于鱼从水中看陆地的视野。

● SF

被佳能EF 135mm F2.8 SF镜头所使用。其特征是利用镜片5种像差之一的“球面像差”来获得柔焦效果。

● DO

表示采用DO镜片（多层衍射光学元件）的镜头。其特征是可利用衍射改变光线路径，只用一片镜片对各种像差进行有效补偿，此外还能够起到减轻镜头重量的作用。

● IS

IS是Image Stabilizer（图像稳定器）的缩写，表示镜头内部搭载了光学式手抖动补偿机构。

● 小型微距

最大放大倍率为0.5的EF 50mm F2.5 小型微距镜头所使用的名称。表示是轻量、小型的微距镜头。

● 微距

通常将最大放大倍率在0.5~1倍（等倍）范围内的镜头称为微距镜头。在EF系列镜头中，包括了50~180mm各种焦段的微距镜头。

● 1-5x微距摄影

数值表示拍摄可达到的最大放大倍率。此处表示可进行等倍至5倍的放大倍率拍摄。在EF镜头中，将具有等倍以上最大放大倍率的镜头称为微距摄影镜头。

❶镜头种类	❷焦距
❸最大光圈	❹镜头特性

镜头焦距与视角的关系

每款镜头都有其固有的焦距，焦距不同，拍摄视角和拍摄范围也不同，而且不同焦距下的透视、景深等特性也有很大的区别。例如，使用广角镜头的14mm 焦距拍摄时，其视角能够达到114° ；而如果使用长焦镜头的200mm 焦距拍摄时，其视角只有12° 。不同焦距镜头对应的视角如下图所示。

由于不同焦距镜头的视角不同，因此，不同焦距镜头适用的拍摄题材也有所不同，比如焦距短、视角宽的镜头常用于拍摄风光；而焦距长、视角窄的镜头常用于拍摄体育比赛、鸟类等位于远处的对象。

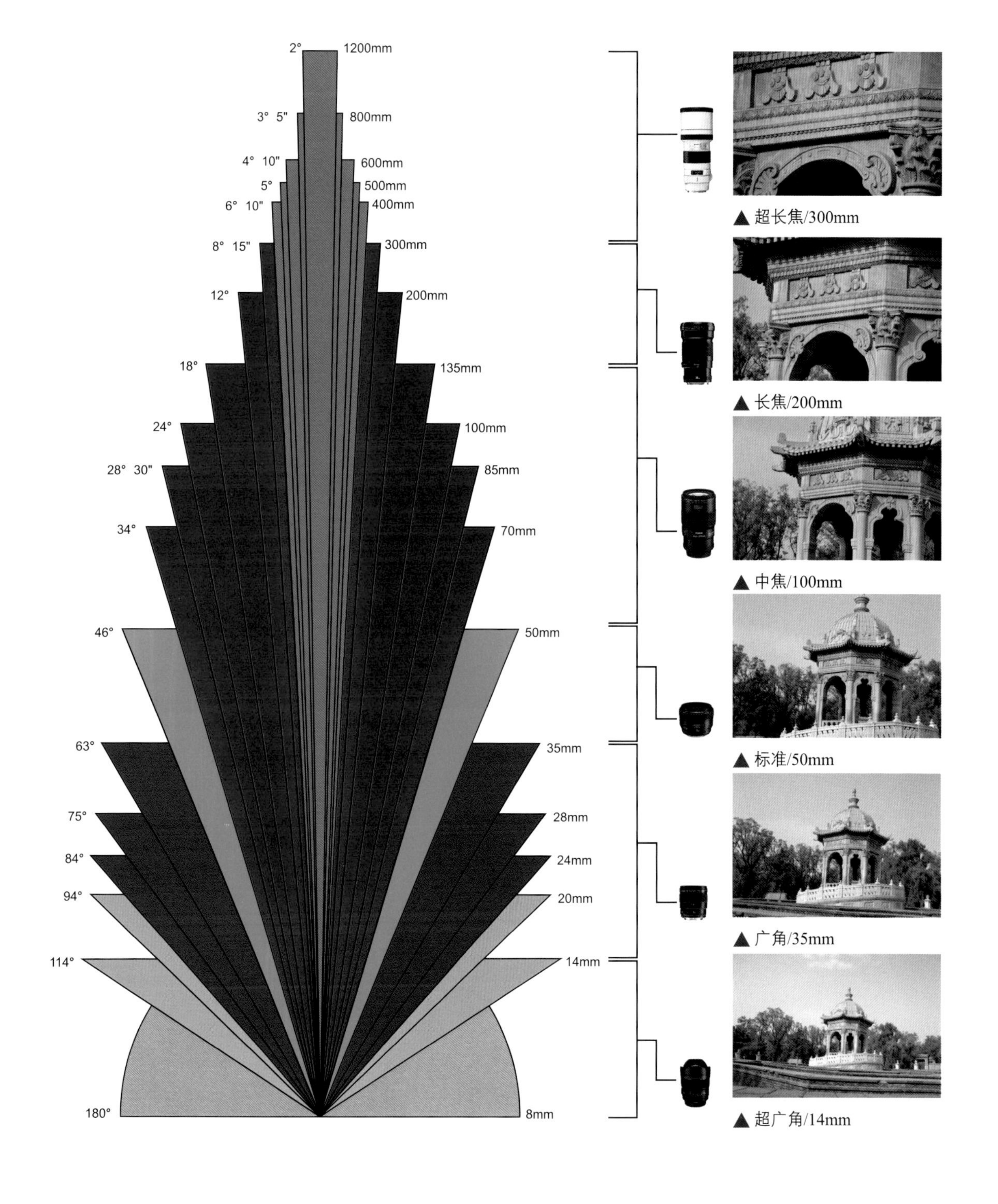

▲ 超长焦/300mm

▲ 长焦/200mm

▲ 中焦/100mm

▲ 标准/50mm

▲ 广角/35mm

▲ 超广角/14mm

理解焦距转换系数

Canon EOS 1300D使用的是APS-C画幅的CMOS感光元件（22.3mm×14.9mm），由于其尺寸要比全画幅的感光元件（36mm×24mm）小，因此其视角也会变小（即焦距变长）。但为了与全画幅相机的焦距数值统一，也为了便于描述，一般通过换算的方式得到一个等效焦距，其中佳能APS-C画幅相机的焦距换算系数为1.6。

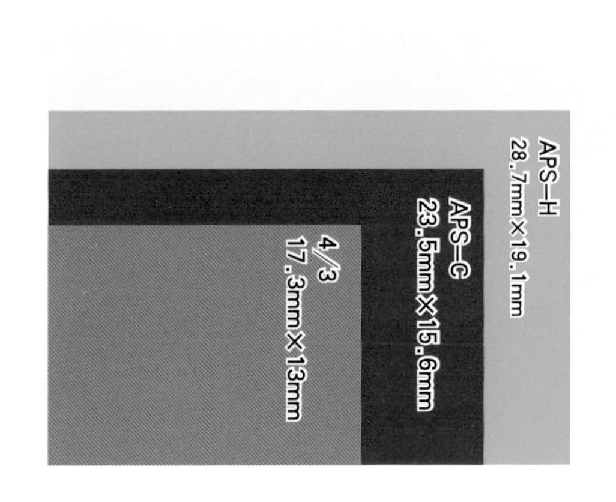

因此，在使用同一支镜头的情况下，如果将其装在全画幅相机上，其焦距为100mm；那么将其装在Canon EOS 1300D上时，其焦距就变为了160mm，用公式表示为：APS-C等效焦距＝镜头实际焦距×转换系数（1.6）。

Q&A

Q：为什么画幅越大视野越宽？

A：常见的相机画幅有中画幅、全画幅（即135画幅）、APS-C画幅、4/3画幅等。画幅尺寸越大，纳入的画面也就越多，所呈现出来的视野也就显得越宽广。

在右侧的示例图中，展示了50mm焦距画面在4种常见画幅上的视觉效果。拍摄时相机所在的位置不变，由照片可以看出，画幅越大所拍摄到的画面越多，50mm在中画幅相机上显示的效果就如同使用广角镜头拍摄，在135画幅相机上是标准镜头，在APS-C画幅相机上就成为中焦镜头，在4/3相机上就算长焦镜头。因此，在其他条件不变的前提下，画幅越大画面视野越宽广，画幅越小画面视野越狭窄。

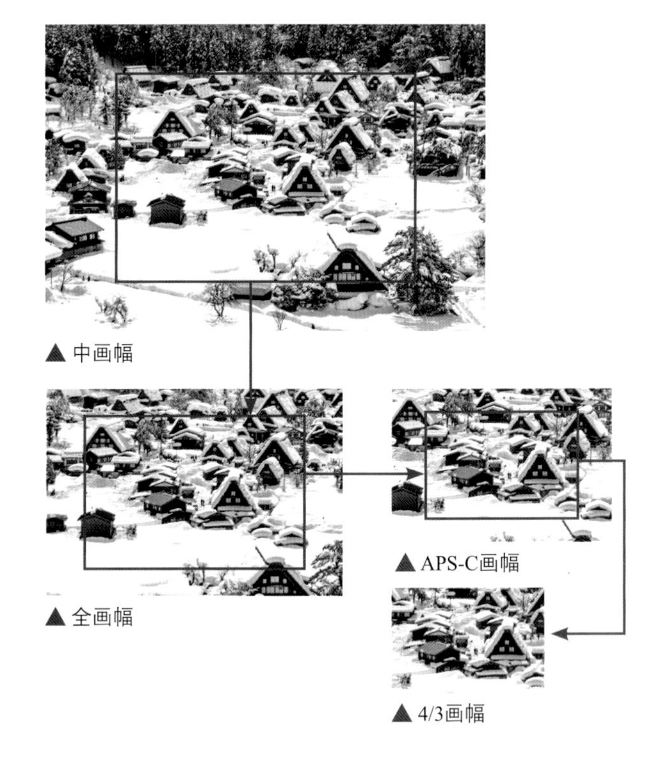

▲ 中画幅

▲ 全画幅

▲ APS-C画幅

▲ 4/3画幅

Q：如何高效安全地清洁镜头？

A：清洁镜头的步骤是首先要选择室内灰尘较少的洁净区域，并戴上防静电手套，先使用专业气吹将可吹去的灰尘去除，如果镜头表面和缝隙里有灰尘，需要用专业清洁刷将其刷去，最后将首次拆封的专业相机清洁布折叠几次，使用它的中心部位顺一个方向，轻轻擦拭掉镜头上的脏污，若擦除不掉污渍，可以将镜头清洁剂滴于清洁布或相机专用清洁棒上，再次擦拭。

镜头选购相对论

选购原厂还是副厂镜头

原厂镜头自然是指佳能公司生产的EF卡口镜头，由于是同一厂商开发的产品，因此更能够充分发挥相机与镜头的性能，在镜头的分辨率、畸变控制以及质量等方面都是出类拔萃的，但其价格不够平民化。

相对原厂镜头高昂的售价，副厂（第三方厂商）镜头似乎拥有更高的性价比，其中比较知名的品牌有腾龙、适马、图丽等。以腾龙28-75mm F2.8镜头为例，在拥有不逊于原厂同焦段镜头EF 24-70mm F2.8 L USM画面质量的情况下，其售价大约只有原厂镜头的1/3，因而得到了很多用户的青睐。

当然，副厂镜头也有其不可回避的缺点，比如镜头的机械性能、畸变及色散等方面都存在一定的问题，作为一款偏入门级的相机，为Canon EOS 1300D 配备一支副厂镜头，不失为一个不错的选择。

选购定焦还是变焦镜头

定焦镜头的焦距不可调节，它拥有光学结构简单、最大光圈很大、成像质量优异等特点，在焦段相同的情况下，定焦镜头的拍摄效果往往可以和价值数万元的专业镜头媲美。其缺点就是，由于焦距不可调节，机动性较差，不利于拍摄时进行灵活的构图。

▲ 佳能EF 50mm F1.2 L USM定焦镜头

变焦镜头的焦距可在一定范围内变化，其光学结构复杂、镜片数量较多，使得它的生产成本很高，少数恒定大光圈、成像质量优异的变焦镜头价格昂贵，通常在万元以上。变焦镜头的最大光圈较小，能够达到恒定F2.8光圈就已经是顶级镜头了，当然在售价上也是“顶级”的。

▲ 佳能EF 70-200mm F2.8 L Ⅱ IS USM变焦镜头

变焦镜头的存在，解决了我们以不同的景别拍摄时走来走去的难题，虽然在成像质量以及光圈上与定焦镜头相比有所不及，但那只是相对而言，在环境比较苛刻的情况下，变焦镜头确实能为我们提供更大的便利。

▲ 在这组照片中，摄影师只是在较小的范围内移动，就拍摄到了完全不同景别和环境的照片，这都得益于变焦镜头带来的便利

佳能高素质镜头点评

佳能 EF-S 10-22mm F3.5-4.5 USM

这款镜头用在 Canon EOS 1300D 上的等效焦距为 16~35mm，覆盖了从超广角至 35mm 小广角的视角，非常适合拍摄风光。虽然没有 F2.8 的大光圈，但在风光摄影中，为了获得最大的景深，通常会使用很小的光圈，所以 F3.5~F4.5 的最大光圈完全够用了。

这款镜头采用了一片超低色散镜片，能有效地降低色差，使拍摄出的影像具有较高的分辨率和较好的色彩还原；还采用了 3 片非球形镜片，可以在很大程度上纠正和减少像差和畸变。虽然没有红圈 L 标志，但用料十足，并搭载了超声波马达，其成像质量和红圈专业镜头的差距也不是很大。

这款镜头还采用了内对焦设计，即使在变焦时，前组镜片也不会转动，更不会像其他变焦镜头一样在前端伸长，这在一定程度上减少了镜头的体积，提高了镜头使用的便捷性。

镜片结构	10组13片
光圈叶片数	6
最大光圈	F3.5~F4.5
最小光圈	F22~F27
最近对焦距离（cm）	24
最大放大倍率	0.17
滤镜尺寸（mm）	77
规格（mm）	83.5×89.8
重量（g）	385
等效焦距（mm）	16~35

佳能 EF-S 18-200mm F3.5-5.6 IS

这款镜头的等效焦距为 29~320mm，覆盖了从广角到超长焦的焦距，是典型的大变焦镜头。

这款镜头的用料和 EF-S 18-135mm F3.5-5.6 IS 几乎一模一样，只是多了一片非球形镜片和超低色散镜片。但由于变焦倍率太大，达到了 11 倍，所以成像质量一般。这款镜头适合对画质要求不太严格的摄友使用，它最大的优点就是变焦范围大，一款镜头可以当好几款镜头用。另外，它所具有的光学防抖功能在使用长焦端或在弱光环境下拍摄时非常有用。

对于旅游摄影来说，这款镜头基本可以胜任拍摄要求。但在拍摄时最好不要使用最大光圈，收缩到 F8、F11 时，同样能拍摄到高质量的影像。

镜片结构	12组16片
光圈叶片数	7
最大光圈	F3.5~F5.6
最小光圈	F22~F32
最近对焦距离（cm）	45
最大放大倍率	0.26
滤镜尺寸（mm）	72
规格（mm）	79×102
重量（g）	595
等效焦距（mm）	29~320

佳能 EF 50mm F1.8 Ⅱ

这是一款胶片时代的标准镜头，虽然外形稍显丑陋，做工也一般，镜身和卡口都是塑料材质，但成像质量却非常优异，还具有 F1.8 的超大光圈，可以获得非常漂亮的虚化效果，所以非常值得广大摄友拥有。

EF 50mm F1.8 Ⅱ作为佳能廉价版的标准镜头，价格十分便宜，仅需 600 多元就可以买到。使用在 Canon EOS 1300D 相机上，焦距要乘以焦距转换系数 1.6，其等效焦距变成了 80mm，因而十分适合拍摄人像。而佳能 EF 85mm F1.8 人像镜头却要比其贵 4 倍多。

这款镜头没有搭载超声波马达，所以对焦速度显得有点慢，而且声音非常大。但这些缺点对于普通的摄影爱好者来说，是可以忽略不计的，更多摄友看好的是它的成像质量。

镜片结构	5组6片
光圈叶片数	8
最大光圈	F1.8
最小光圈	F22
最近对焦距离（cm）	45
最大放大倍率	015
滤镜尺寸（mm）	52
规格（mm）	68.2×41
重量（g）	130
等效焦距（mm）	80

佳能 EF-S 60mm F2.8 Macro USM

这是佳能专为 APS-C 画幅数码单反相机设计的微距摄影镜头，等效焦距为 96mm，约和全画幅的 100mm 微距摄影镜头的焦距相等。它的价格非常便宜，但性能却并不逊色多少，对于喜欢微距摄影的摄友来说，是一个既能省钱又能满足需求的选择。

虽然不是红圈镜头，但此镜头也应用了不少尖端技术，包括 USM 超声波马达、内对焦 / 后对焦、全时手动对焦、浮动对焦和圆形光圈等。

它的成像质量非常高，清晰度也不错，不会出现明显的四角失光和变形现象。在使用最大光圈拍摄时成像稍显松散，但缩小至 F5.6 之后就会有非常不错的表现，尤其是缩小至 F11 时，其成像质量可以说非常优秀。

除了拍摄微距之外，使用这款镜头拍摄人像也非常棒，由于等效焦距变成了 96mm，所以很适合拍摄人像特写。

镜片结构	8组12片
光圈叶片数	8
最大光圈	F2.8
最小光圈	F32
最近对焦距离（cm）	120
最大放大倍率	1
滤镜尺寸（mm）	52
规格（mm）	73×69.8
重量（g）	335
等效焦距（mm）	96

选购镜头时的合理搭配

不同焦段的镜头有着不同的功用，如 85mm 焦距镜头被奉为人像摄影的不二之选，而 50mm 焦距镜头在人文、纪实等领域也有着无可替代的作用。根据拍摄对象的不同，可以选择广角、中焦、长焦以及微距等多个焦段的镜头。

如果要购买多支镜头以满足不同的拍摄需求，一定要注意焦段的合理搭配，比如佳能镜皇中“大三元”系列的 3 支镜头，即 EF 16-35mm F2.8 L Ⅱ USM、EF 24-70mm F2.8 L USM、EF 70-200mm F2.8 L IS Ⅱ USM 镜头，覆盖了从广角到长焦最常用的焦段，并且各镜头之间焦距的衔接极为紧密，即使是专业摄影师，也能够满足绝大部分拍摄需求。

即使是普通的摄影爱好者，在选购镜头时也应该特别注意各镜头间的焦段搭配，尽量避免重合，甚至可以留出一定的“中空”，以避免造成浪费——毕竟好的镜头是很贵的。

16~35mm 焦段	24~70mm焦段	70~200mm焦段
 EF 16-35mm F2.8 L Ⅱ USM	EF 24-70mm F2.8 L USM	 EF 70-200mm F2.8 L IS Ⅱ USM

与镜头相关的常见问题解答

Q：怎么拍出没有畸变与透视感的照片？

A：要想拍出畸变小、透视感不强烈的照片，那么，就不能使用广角镜头进行拍摄，而是选择一个较远的距离，使用长焦镜头拍摄。这是因为在远距离下，长焦镜头可以将近景与远景间的纵深感减少以形成压缩效果，因而容易得到畸变小、透视感弱的照片。

Q：使用脚架进行拍摄时是否需要关闭镜头的IS功能？

A：一般情况下，使用脚架拍摄时需要关闭IS，这是为了防止防抖功能将脚架的操作误检测为手的抖动。对一部分远摄镜头而言，当使用脚架进行拍摄时，会自动切换至三脚架模式，这样就不用关闭IS了。

EOS 1300D

Q：如何准确理解焦距？

A：镜头的焦距是指对无限远处的被摄体对焦时镜头中心到成像面的距离，一般用长短来描述。焦距变化带来的不同视觉效果主要体现在视角上。

视野宽广的广角镜头，光照进镜头的入射角度较大，镜头中心到光集结起来的成像面之间的距离较短，对角线视角较大，因此能够拍出场景更广阔的画面。而视野窄的长焦镜头，光的入射角度较小，镜头中心到成像面的距离较长，对角线视角较小，因此适合以特写的角度拍摄远处的景物。

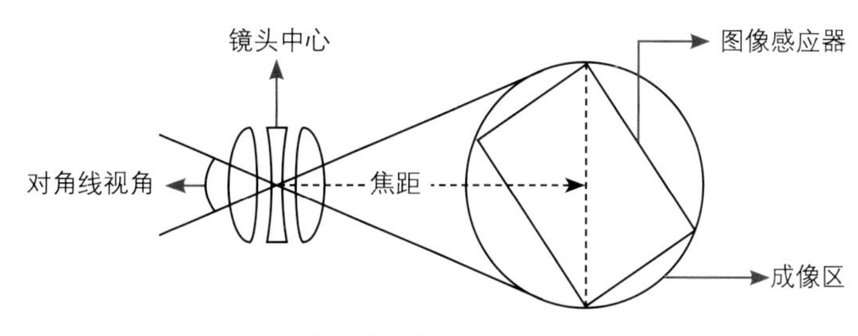

▲焦距较短的时候

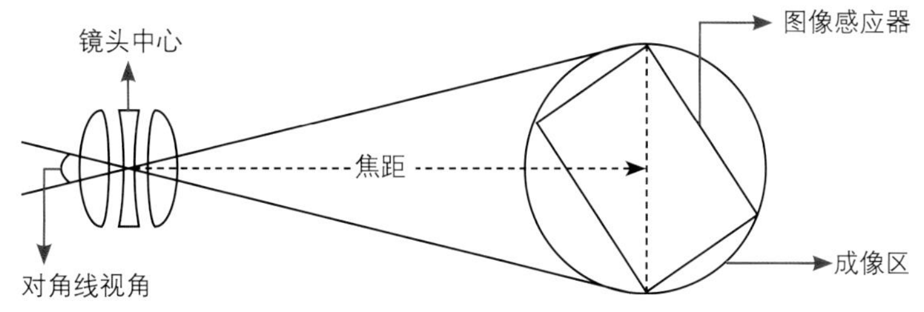

▲焦距较长的时候

Q：什么是微距镜头？

A：放大倍率大于或等于1：1的镜头，即为微距镜头。市场上微距镜头的焦距从短到长，各种类型都有，而真正的微距镜头主是要根据其放大倍率来定义的。放大倍率=影像大小：被摄体的实际大小。

如放大倍率为为1：10，表示被摄体的实际大小是影像大小的10倍，或者说影像大小是被摄体实际大小的1/10。放大倍率为1：1则表示被摄体的实际大小等于影像大小。

根据放大倍率，微距摄影可以细分成近距和超近距摄影。虽然没有很严格的定义，但一般认为近距摄影的放大倍率为（1：10）~（1：1），超近距摄影的放大倍率为（1：1）~（6：1），当放大倍率大于6：1时，就是显微摄影的范围了。

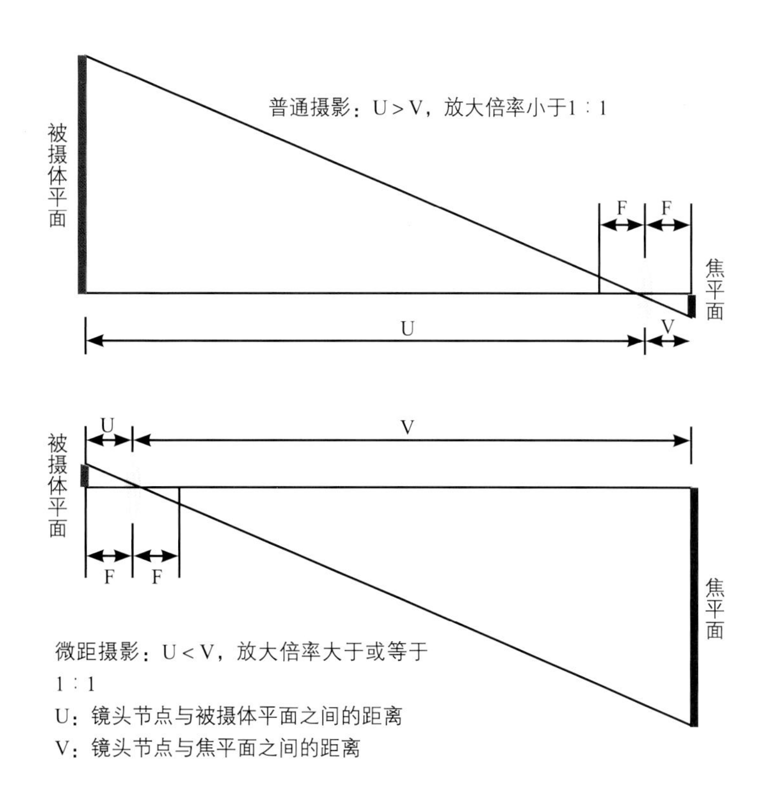

Q：什么是对焦距离？

A：所谓对焦距离是指从被摄体到成像面（图像感应器）的距离，以相机焦平面标记到被摄体合焦位置的距离为计算基准。

许多摄影爱好者常常将其与镜头前端到被摄体的距离（工作距离）相混淆，其实对焦距离与工作距离是两个不同的概念。

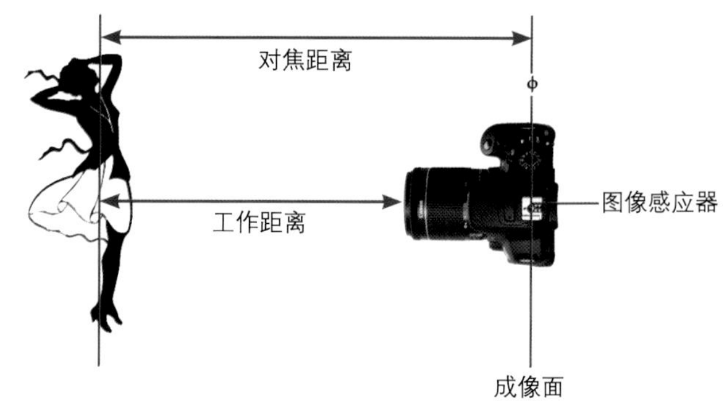

▲ 对焦距离示意图

Q：什么是最近对焦距离？

A：最近对焦距离是指能够对被摄体合焦的最短距离。也就是说，如果被摄体到相机成像面的距离短于该距离，那么就无法完成合焦，即距离相机小于最近对焦距离的被摄体将会被全部虚化。在实际拍摄时，拍摄者应根据被摄体的具体情况和拍摄目的来选择合适的镜头。

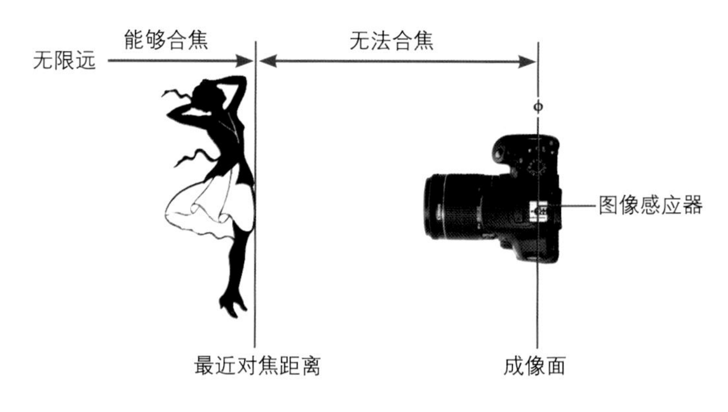

▲ 最近对焦距离示意图

Q：什么是镜头的最大放大倍率？

A：最大放大倍率是指被摄体在成像面上成像大小与实际大小的比率。如果拥有最大放大倍率为等倍的镜头，就能够在图像感应器上得到和被摄体大小相同的图像。

对于数码照片而言，因为可以使用比图像感应器尺寸更大的回放设备（如计算机等）进行浏览，所以成像看起来如同被放大一般，但最大放大倍率还是应该以在成像面上的成像大小为基准。

▲ 使用最大放大倍率约为1 倍的镜头将其拍摄到最大，在图像感应器上的成像直径为2cm

▲ 使用最大放大倍率约为0.5 倍的镜头将其拍摄到最大，在图像感应器上的成像直径为1cm

Q：镜头光圈的大小与取景器有什么关系？

A：镜头光圈的大小不仅影响到虚化效果，还与取景器内的成像有很大的关系。取景器的亮度由镜头的最大光圈决定，而不是由当前使用的光圈值决定。如今的数码单反相机都是采用“全开光圈测光”系统来控制自动曝光的。所谓的“全开光圈测光”是指在光圈全开的状态下，利用通过镜头的全部光线进行测光的系统。因此，使用最大光圈进行拍摄，取景器中的图像会显得很明亮，也能够很容易地使用手动对焦的方式进行合焦。

Q：什么是“全时手动对焦”？

A：“全时手动对焦”是指在自动对焦过程中，可利用手动的方式对对焦点进行微调，不需要切换对焦模式就能够在自动对焦过程中进行手动对焦。这是EF镜头独有的结构，采用齿轮或传动轴与机身啮合的驱动方式很难实现这一功能。

Q：变焦镜头中最大光圈不变的镜头是否性能更加优异？

A：变焦镜头的最大光圈有两种表示方法，分别由一个数字组成和由两个数字组成（例如F6.3或F3.5-6.3）。前者是在任何焦段最大光圈值都不变的“固定光圈值”，后者是根据焦段不同，最大光圈不断变化的“非固定光圈值”。镜头最大光圈的变化，在有效口径一定的变焦镜头中是必然现象，不能用来作为判断镜头性能是否优异的标准。

Q：什么情况下应使用广角镜头拍摄？

A：如果拍摄照片时有以下需求，可以使用广角镜头进行拍摄。

- 更大的景深：在光圈和拍摄距离相同的情况下，与标准镜头或长焦镜头相比，使用广角镜头拍摄的场景清晰范围更大，因此可以获得更大的景深。
- 更宽的视角：使用广角镜头可以将更宽广的场景容纳在取景框中，且焦距越短，能够拍摄到的场景越宽。因此拍摄风景时可以获得更广阔的背景，拍摄合影时可以在一张照片中容纳更多的人。
- 需要手持拍摄：使用短焦距拍摄要比使用长焦距更稳定，例如使用14mm焦距拍摄时，完全可以手持相机并使用较低的快门速度，而不必担心相机的抖动问题。
- 透视变形：使用广角镜头拍摄时，被摄对象距离镜头越近，其在画面中的变形幅度也就越大，虽然这种变形不成比例，但如果在拍摄时要使其从整幅画面中凸显出来，则可以使用这种透视变形来突出强调前景中的被摄对象。

Q：使用广角镜头的缺点是什么？

A：广角镜头虽然非常有特色，但也存在一些缺陷。

- 边角模糊：对于广角镜头，特别是广角变焦镜头来说，最常见的问题是照片四角模糊。这是由镜头的结构导致的，因此较为普遍，尤其是使用F2.8、F4这样的大光圈时。在廉价广角镜头中，这种现象更严重。
- 暗角：由于进入广角镜头的光线是以倾斜的角度进入的，而此时光圈的开口不再是一个圆形，而是类似于椭圆的形状，因此照片的四角处会出现变暗的情况，如果缩小光圈，则可以减弱这个现象。
- 桶形失真：使用广角镜头拍摄的图像中，除中心位置以外的直线将呈现向外弯曲的形状(好似一个桶的形状)，在拍摄人像、建筑等题材时，会导致所拍摄出来的照片失真。

Chapter 08 用附件为照片增色的技巧

存储卡：容量及读写速度同样重要

认识存储卡

Canon EOS 1300D 可以使用 SD、SDHC 或 SDXC 存储卡，还可以使用 UHS-I Speed Class SDHC 和 SDXC 存储卡。在购买时，建议不要买一张大容量的存储卡，而是分成两张购买。比如要购买 128G 的 SD 卡，则建议购买两张 64G 的存储卡，虽然在使用时有换卡的麻烦，但两张卡同时出现故障的概率要远小于一张卡。

Q：什么是 SDHC 型存储卡？

A：SDHC 是 Secure Digital High Capacity 的缩写，即高容量 SD 卡。SDHC 型存储卡最大的特点就是高容量（2~32GB）。另外，SDHC 采用的是 FAT32 文件系统，其传输速度分为 Class2（2MB/sec）、Class4（4MB/sec）、Class6（6MB/sec）等级别，高速 SD 卡可以支持高分辨率视频的实时存储。

Q：什么是 SDXC 型存储卡？

A：SDXC 是 SD eXtended Capacity 的缩写，即超大容量 SD 存储卡。其最大容量可达 64GB，理论容量可达 2TB。此外，其数据传输速度也很快，最大理论传输速度能达到 300MB/s。但目前许多数码相机及读卡器并不支持此类型的存储卡，因此在购买前要确定当前所使用的数码相机与读卡器是否支持此类型的存储卡。

EOS 1300D

Q：存储卡上的 I 与 U1 标识是什么意思？

A：存储卡上的 I 标识表示此存储卡支持 UHS（Ultra High Speed，即超高速）接口，即其带宽可以达到 104MB/s，因此，如果计算机的 USB 接口为 USB 3.0，存储卡中的 1G 照片只需要几秒就可以传输到计算机中。如果存储卡上标识有 U1，则说明该存储卡还能够满足实时存储高清视频的 UHS Speed Class 1 标准。

▲ 不同格式的 SDXC 及 SDHC 存储卡

UV 镜：保护镜头的选择之一

UV 镜也叫“紫外线滤镜”，主要是针对胶片相机而设计的，用于防止紫外线对曝光的影响，提高成像质量，增加影像的清晰度。而现在的数码相机已经不存在这个问题了，但由于其价格低廉，已成为摄影师用来保护数码相机镜头的工具。

笔者强烈建议用户在购买镜头的同时也购买一款 UV 镜，以更好地保护镜头不受灰尘、手印以及油渍的侵扰。除了购买佳能原厂的 UV 镜外，肯高、HOYO、大自然及 B+W 等厂商生产的 UV 镜也不错，性价比很高。口径越大的 UV 镜，价格自然也就越高。

▲ B+W UV 镜

偏振镜

什么是偏振镜

偏振镜也叫偏光镜或 PL 镜，主要用于消除或减少物体表面的反光。在风景摄影中，为了降低反光、获得浓郁的色彩，又或者希望拍摄清澈见底的水面、透过玻璃拍好里面的物品等，此时一个好的偏振镜是必不可少的。

偏振镜分为线偏和圆偏两种，数码单反相机应选择有“CPL”标志的圆偏振镜，因为在数码单反相机上使用线偏振镜容易影响测光和对焦。

在使用偏振镜时，可以旋转其调节环以选择不同的强度，在取景器中可以看到一些色彩上的变化。同时需要注意的是，使用偏振镜后会阻碍光线的进入，大约相当于 2 挡光圈的进光量，故在使用偏振镜时，我们需要降低约 2 倍的快门速度，这样才能拍摄到与未使用时相同曝光量的照片。

▲ 肯高 67mm C-PL（W）偏振镜

用偏振镜压暗蓝天

晴朗天空中的散射光是偏振光，利用偏振镜可以减少偏振光，使蓝天变得更蓝、更暗。加装偏振镜后所拍摄的蓝天，比使用蓝色渐变镜拍摄的蓝天要更加真实，因为使用偏振镜拍摄，既能压暗天空，又不会影响其余景物的色彩还原。

用偏振镜提高色彩饱和度

如果拍摄环境的光线比较杂乱，会对景物的色彩还原产生很大的影响。环境光和天空光在物体上形成的反光，会使景物的颜色看起来并不鲜艳。

使用偏振镜拍摄，可以消除杂光中的偏振光，减少杂散光对物体颜色还原的影响，从而提高物体的色彩饱和度，使景物的颜色显得更加鲜艳。

用偏振镜抑制非金属表面的反光

使用偏振镜拍摄的另一个好处就是可以抑制被摄体表面的反光。我们在拍摄水面、玻璃表面时，经常会遇到反光，使用偏振镜则可以削弱水面、玻璃以及其他非金属物体表面的反光。

▶ 使用偏振镜消除了水面的反光，从而拍出了更加清澈的水面『焦距：26mm ¦ 光圈：F18 ¦ 快门速度：1/30s ¦ 感光度：ISO200』

中灰镜

什么是中灰镜

中灰镜又称为 ND（Neutral Density）镜，是一个半透明的深色玻璃，安装在镜头前面时，可以减少进光量，从而降低快门速度。当光线太过充足而导致无法降低快门速度时，可以使用这种滤镜。

▲ 肯高 52mm ND4 中灰镜

中灰镜的规格

中灰镜分不同的级数，常见的有 ND2、ND4、ND8 三种，分别代表了可以降低 1 挡、2 挡、3 挡快门速度。例如，在晴天使用 F16 的光圈拍摄瀑布时，得到的快门速度为 1/16s，这样的快门速度无法使水流虚化，此时可以安装 ND4 型号的中灰镜，或安装两块 ND2 型号的中灰镜，使镜头的通光量降低，从而降低快门速度至 1s，即可获得预期的效果。

中灰镜参数对照表				
透光率（p）	密度（D）	阻光倍数（O）	滤镜因数	曝光补偿级数（应开大光圈的级数）
50%	0.3	2	2	1
25%	0.6	4	4	2
12.5%	0.9	8	8	3
6%	1.2	16	16	4

▼ 通过使用中灰镜降低快门速度，拍摄到水流连成丝线状的效果『焦距：81mm ┆ 光圈：F16 ┆ 快门速度：1s ┆ 感光度：ISO100』

中灰渐变镜

什么是中灰渐变镜

渐变镜是一种一半透光、一半阻光的滤镜，分为圆形和方形两种，在色彩上也有很多选择，如蓝色、茶色等。而在所有的渐变镜中，最常用的应该是中灰渐变镜。中灰渐变镜是一种中性灰色的渐变镜。

不同形状渐变镜的优缺点

中灰渐变镜有圆形与方形两种，圆形渐变镜是安装在镜头上的，使用起来比较方便，但由于渐变是不可调节的，因此只能拍摄天空约占画面 50% 的照片；而使用方形渐变镜时，需要买一个支架装在镜头前面才可以把滤镜装上，其优点是可以根据构图的需要调整渐变的位置。

▲ 安装中灰渐变镜后的效果

阴天时使用中灰渐变镜改善天空影调

中灰渐变镜几乎是在阴天时唯一能够有效改善天空影调的滤镜。在阴天条件下，虽然乌云密布显得很有层次，但是实际上天空的亮度仍然远远高于地面，如果按正常曝光手法拍摄，得到的画面中天空会由于过曝而显得没有层次感。此时，如果使用中灰渐变镜，用深色的一端覆盖天空，则可以通过降低镜头的进光量来延长曝光时间，使云彩的层次得到较好的表现。

使用中灰渐变镜降低明暗反差

当拍摄日出、日落等明暗反差较大的场景时，为了使较亮的天空与较暗的地面得到均匀的曝光，可以使用中灰渐变镜拍摄。拍摄时用较暗的一端覆盖天空，即可降低此区域的通光量，从而使天空与地面均得到正确曝光。

▲ 为了保证地面与天空同时获得正常的曝光，因此使用了方形渐变灰镜对天空部分进行减光处理『焦距：16mm ┆ 光圈：F14 ┆ 快门速度：1/5s ┆ 感光度：ISO100』

快门线：避免直接按下快门产生震动

快门线的作用

在对拍摄的稳定性要求很高的情况下，通常会采用快门线与脚架结合使用的方式进行拍摄。其中，快门线的作用就是为了尽量避免直接按下机身快门时可能产生的震动，以保证拍摄时相机保持稳定，从而获得更高的画面质量。

▲ 这幅夜景照片的曝光时间达到了30s，为了保证画面不会模糊，快门线与三脚架是必不可少的『焦距：17mm ┆ 光圈：F16 ┆ 快门速度：30s ┆ 感光度：ISO100』

快门线的使用方法

将快门线与相机连接后，可以像在相机上操作一样，半按快门进行对焦、完全按下快门进行拍摄，但由于不用触碰机身，因此在拍摄时可以避免相机的抖动。Canon EOS 1300D 使用 RS-60E3 型号的快门线。

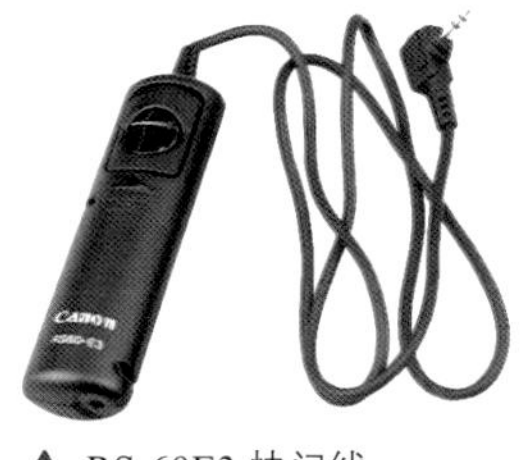

▲ RS-60E3 快门线

脚架：保持相机稳定的基本装备

脚架是最常用的摄影配件之一，使用它可以让相机变得更稳定，以保证长时间曝光的情况下也能够拍摄到清晰的照片。

脚架的分类

市场上的脚架类型非常多，按材质可以分为木质、高强塑料材质、合金材料、钢铁材料、碳素纤维及火山岩等几种，其中以铝合金及碳素纤维材质的脚架最为常见。

铝合金脚架的价格较便宜，但重量较重，不便于携带；碳素纤维脚架的档次要比铝合金脚架高，便携性、抗震性、稳定性都很好，在经济条件允许的情况下，是非常理想的选择。它的缺点是价格很贵，往往是相同档次铝合金脚架的好几倍。

另外，根据支脚数量可把脚架分为三脚与独脚两种。三脚架用于稳定相机，甚至在配合快门线、遥控器的情况下，也可实现完全脱机拍摄；而独脚架的稳定性能要弱于三脚架，主要是起支撑的作用，在使用时需要摄影师来控制独脚架的稳定性，由于其体积和重量都只有三脚架的 1/3，无论是旅行还是日常拍摄携带都十分方便。

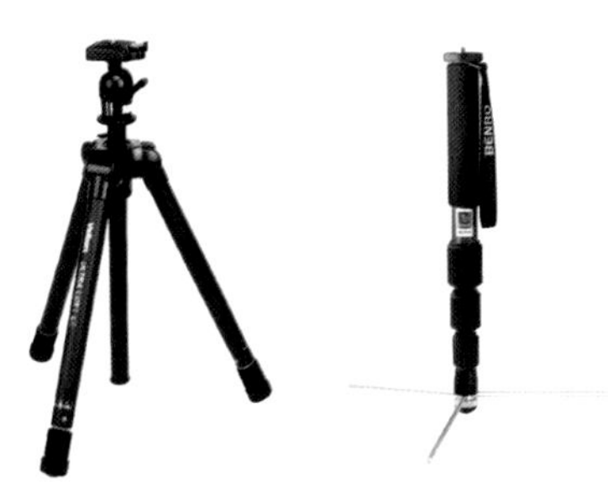

▲三脚架（左）与独脚架（右）

云台的分类

云台是连接脚架和相机的配件，用于调节拍摄的角度，包括三维云台和球形云台两类。三维云台的承重能力强、构图十分精准，缺点是占用的空间较大，在携带时稍显不便；球形云台体积较小，只要旋转按钮，就可以让相机迅速转到所需要的角度，操作起来十分方便。

▲三维云台（左）与球形云台（右）

EOS 1300D

Q：在使用三脚架的情况下怎样做到快速对焦？

A：使用三脚架拍摄时，通常是确定构图后相机就固定在三脚架上不动了，可是在这样的情况下，对焦之后锁定对焦点再微调构图的方式便无法实现了，因此，建议先使用单次自动对焦模式对画面进行对焦，然后再切换成手动对焦模式，只要手动调节至对焦区域的范围内，就可以实现准确对焦。即使是构图做了一些调整，焦点也不会轻易改变。不过需要注意的是，变焦镜头在变焦后会导致焦点的偏移，所以变焦后需要重新对焦。

外置闪光灯基本结构及功能

Canon EOS 1300D 作为一款 APS-C 画幅的单反相机，既配有内置闪光灯，也能够使用功能更强大的外置闪光灯，建议对闪光效果有较高要求的用户都应配备一支外置闪光灯，例如 600EX-RT、430EX Ⅲ -RT、430EX Ⅱ、270EX Ⅱ等。当然，如果进行微距摄影，则需要使用专用的微距闪光灯，如 MR-14EX Ⅱ、MT-24EX 等。从功能上来说，各闪光灯基本相同，下面将以 600EX-RT 为例，讲解其基本结构及基本功能。

从基本结构开始认识闪光灯

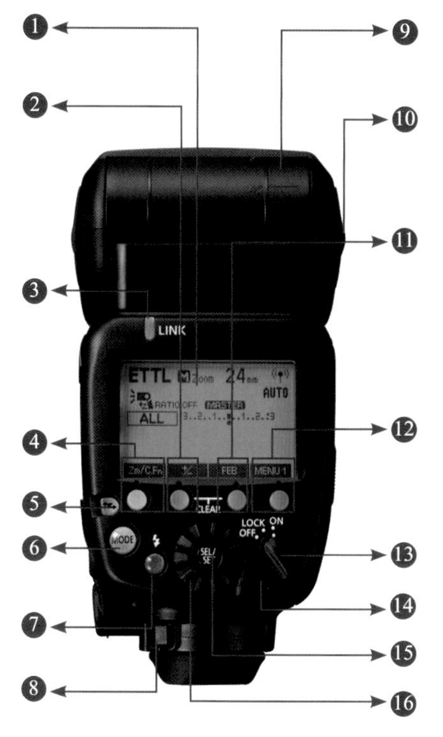

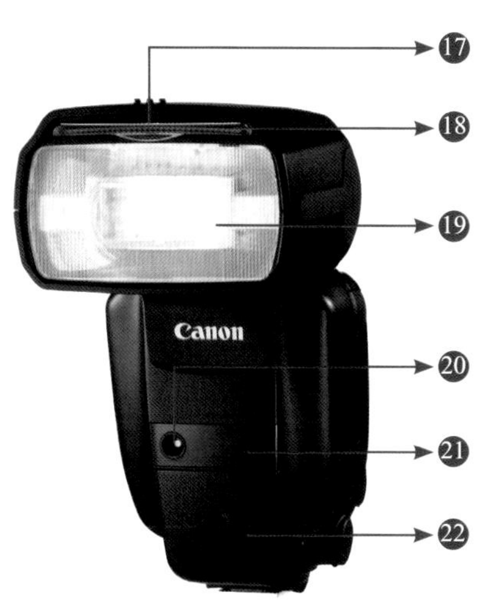

1 液晶显示屏
用于显示及设置闪光灯的参数

2 功能按钮2
对应按钮上方液晶显示屏中显示的图标，根据不同的显示图标，执行相应的功能。如闪光曝光补偿、闪光输出级别等

3 无线电传输确认指示灯
在进行无线电传输无线闪光拍摄时，此灯会指示主控单元和从属单元之间的传输状态

4 功能按钮1
对应按钮上方液晶显示屏中显示的图标，根据不同的显示图标，执行相应的功能

5 无线按钮/联动拍摄按钮
按下此按钮可以开启或关闭无线电传输；按此按钮可以开启或关闭光学传输无线拍摄

6 闪光模式按钮
按此按钮可以设定闪光模式

7 闪光就绪指示灯/测试闪光按钮
以红色、绿色等不同的方式闪烁时，均代表不同的提示；按下此按钮，可进行测试闪光

8 锁定释放按钮
按下此按钮并拨动固定座锁定杆可以拆卸闪光灯

9 反射角度指数
表示当前闪光灯在垂直方向上旋转的角度

10 反射锁定释放按钮
在按下此按钮后，可以调整闪光灯在垂直方向上的角度

11 功能按钮3
对应按钮上方液晶显示屏中显示的图标，根据不同的显示图标，执行相应的功能。如设置闪光包围曝光、频闪闪光模式下的闪光次数、手动外部闪光模式下的 ISO 设置等

12 功能按钮4
对应按钮上方液晶显示屏中显示的图标，根据不同的显示图标，执行相应的功能。如设置闪光同步模式、频闪闪光模式下的闪光频率、菜单设置等

13 电源开关
用于控制闪光灯的开启和关闭

14 闪光曝光确认指示灯
当获得标准的曝光时，此指示灯将发光 3 秒

15 选择/设置按钮
选择功能或确认功能的设置

16 选择拨盘
用于在各个参数之间进行切换及选择

17 眼神光板
将其抽出后，可用于防止光线向上发散，有利于塑造眼神光

18 内置广角散光板
拉出广角散光板后，在使用镜头广角端进行拍摄时，能够避免画面四角出现明显阴影

19 闪光灯头/光学传输无线发射器
用于输出闪光光线；还可用于数据的无线传输

20 外部测光感应器
启用自动外部测光功能时，将通过此处对被摄体进行测光，并根据相机的感光度及光圈自动调整闪光输出

21 光学传输无线传感器
用于传输无线信号

22 自动对焦辅助光发射器
在弱光或低对比度环境下，此处将发射用于辅助对焦的光线

佳能外置及微距闪光灯的性能对比

下面分别列出佳能主流的 5 款外置及微距闪光灯的性能参数对比，供读者在选购时作为参考。

闪光灯型号	600EX-RT 闪光灯	430EX Ⅱ 闪光灯	270EX 闪光灯	MR-14EX 闪光灯	MT-24EX 闪光灯
图片					
闪光曝光补偿	手动。范围为±3，可以1/3或1/2挡为增量进行调节	手动。范围为±3，可以1/3或1/2挡为增量进行调节	手动。范围为±3，可以1/3或1/2挡为增量进行调节	手动。范围为±3，可以1/3或1/2挡为增量进行调节	手动。范围为±3，可以1/3或1/2挡为增量进行调节
闪光曝光锁定	支持	支持	支持	支持	支持
高速同步	支持	支持	支持	支持	支持
闪光测光方式	E-TTL Ⅱ、E-TTL、TTL自动闪光、自动/手动外部闪光测光、手动闪光、频闪闪光	TTL、E-TTL、E-TTL Ⅱ 自动闪光，手动闪光	E-TTL、E-TTL Ⅱ 自动闪光，手动闪光	TTL、E-TTL、E-TTL Ⅱ自动闪光，手动闪光	TTL、E-TTL、E-TTL Ⅱ 自动闪光，手动闪光
闪光指数（m）	60（ISO100、焦距200mm）	43（ISO100、焦距105mm）	灯头默认位置：22 灯头拉出：27	14（ISO100）	24（ISO100）
闪光范围（mm）	20~200	24~105	28以上	上下、左右约80°	上下约70° 左右约53°
回电时间（s）	一般闪光：0.1~5.5 快速闪光：0.1~3.3	3	一般闪光：0.1~3.9 快速闪光：0.1~2.6	0.1~7	0.1~7
垂直角度（°）	7、90	0、45、60、75、90	0、60、75、90	—	—
水平角度（°）	180	0~180（以30°为单位调节）	—	—	—

衡量闪光灯性能的关键参数——闪光指数

闪光指数是评价一个外置闪光灯的重要指标，它决定了闪光灯在同等条件下的有效拍摄距离。以 600EX-RT 闪光灯为例，在 ISO100 的情况下，其闪光指数为 60，假设光圈为 F4，我们可以依据下面的公式算出此时该闪光灯的有效闪光距离（单位是“米”）。

闪光指数（60）÷ 光圈值（4）= 闪光距离（15）

用跳闪方式进行补光拍摄

所谓跳闪，通常是指使用外置闪光灯，通过反射的方式将光线反射到被摄对象身上，常用于室内或有一定遮挡的人像摄影中，这样可以避免直接对被摄对象进行闪光，造成光线太过生硬，且容易形成没有立体感的平光效果。

在室内拍摄人像时，经常通过调整闪光灯的照射角度，让其向着房间的顶棚进行闪光，然后将光线反射到被摄对象身上，这在人像、现场摄影中是非常常见的一种补光形式。

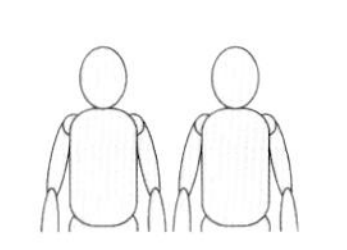

▲ 跳闪补光示意图

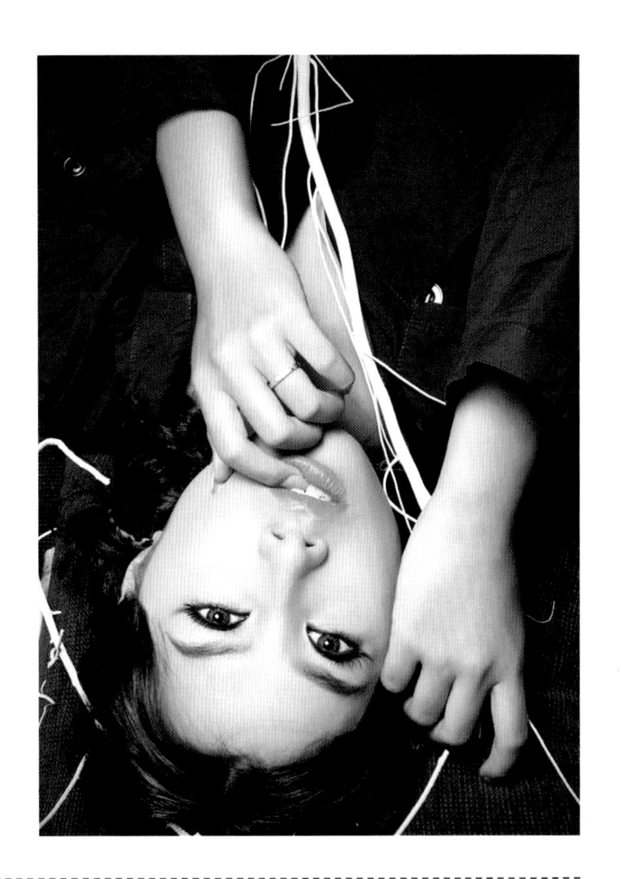

▶ 使用闪光灯向屋顶照射光线，使之反射到人物身上进行补光，使人物的皮肤显得更加细腻，画面整体感觉也更为柔和『焦距：90mm ┆ 光圈：F13 ┆ 快门速度：1/125s ┆ 感光度：ISO100』

为人物补充眼神光

眼神光板是中高端闪光灯才拥有的组件，在佳能 430 EX Ⅱ、580EX Ⅱ上就有此组件，平时可收纳在闪光灯的上方，在使用时将其抽出即可。

其最大的作用就是利用闪光灯在垂直方向可旋转一定角度的特点，将闪光灯射出的少量光线反射至人眼中，从而形成漂亮的眼神光，虽然其效果并非最佳（最佳的方法是使用反光板补充眼神光），但至少可以有一定的效果，让眼睛更有神。

▶ 拉出眼神光板后的闪光灯

▶ 这幅照片是使用反光板为人物补光拍摄的，拍摄时将闪光灯旋转至与垂直方向成 60° 的位置上，并拉出眼神光板，从而为人物眼睛补充了一定的眼神光，使之看起来更有神『焦距：46mm ┆ 光圈：F7.1 ┆ 快门速度：1/125s ┆ 感光度：ISO125』

消除广角拍摄时产生的阴影

当使用闪光灯以广角焦距拍摄并闪光时，很可能会超出闪光灯的补光范围，因此就可能产生一定的阴影或暗角效果。

此时，可以将闪光灯上面的内置广角散光板拉下来，以最大限度地避免阴影或暗角的形成。

▲ 这幅照片是拉下内置广角散光板后使用 17mm 焦距拍摄的结果，可以看出四角的阴影及暗角并不明显『焦距：17mm ┆ 光圈：F5.6 ┆ 快门速度：1/200s ┆ 感光度：ISO100』

▲ 此照片是收回内置广角散光板后拍摄的效果，由于已经超出闪光灯的广角照射范围，因此形成了较重的阴影及暗角，非常影响画面的表现效果『焦距：17mm ┆ 光圈：F5.6 ┆ 快门速度：1/200s ┆ 感光度：ISO100』

柔光罩：让光线变得柔和

柔光罩是专用于闪光灯上的一种硬件设备，由于直接使用闪光灯拍摄时会产生比较生硬的光照，而使用柔光罩后，可以让光线变得柔和——当然，光照的强度也会随之变弱，可以使用这种方法为拍摄对象补充自然、柔和的光线。

外置闪光灯的柔光罩类型比较多，其中比较常见的有肥皂盒、碗形柔光罩等，配合外置闪光灯强大的功能，可以更好地进行照亮或补光处理。

▲ 外置闪光灯的柔光罩

◀ 将闪光灯及柔光罩搭配使用为人物补光后拍摄的效果，可以看出，画面呈现出非常柔和、自然的光照效果『焦距：35mm ┆ 光圈：F2.8 ┆ 快门速度：1/100s ┆ 感光度：ISO200』

Chapter 09 Canon EOS 1300D 人像摄影技巧

正确测光拍出人物细腻皮肤

对于拍摄人像而言，皮肤是非常重要的表现对象之一，而要表现细腻、光滑的皮肤，测光是非常重要的一步工作。准确地说，拍摄人像时应采用中央重点平均测光或点测光模式，对人物的皮肤进行测光。

如果是在午后的强光环境下，建议还是找有阴影的地方进行拍摄，如果环境条件不允许，那么可以对皮肤的高光区域进行测光，并对阴影区域进行补光。

在室外拍摄时，如果光线比较强烈，在拍摄时可以以人物脸部的皮肤作为曝光的标准，适当增加半挡或 2/3 挡的曝光补偿，让皮肤获得足够的光线而显得光滑、细腻，而其他区域的曝光可以不必太过关注，因为相对其他部位来说，女孩子更在意自己脸部的皮肤如何。

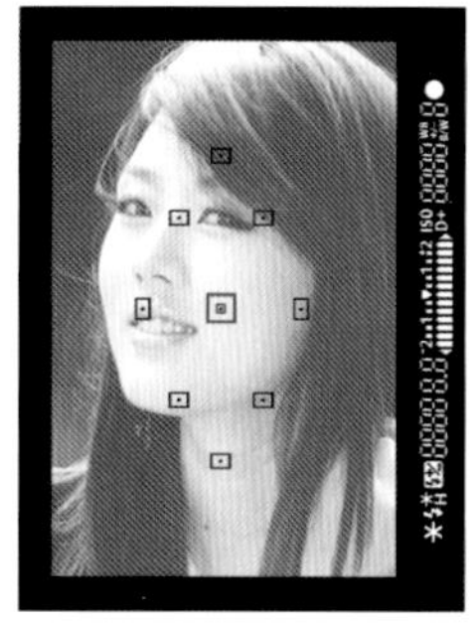

▲ 使用镜头的长焦端对人物面部测光

▲ 以模特面部皮肤作为曝光的依据，在此基础上增加了 0.5 挡曝光补偿，从而使人物皮肤看起来更加白皙、细腻『焦距：85mm ┆ 光圈：F2.8 ┆ 快门速度：1/100s ┆ 感光度：ISO100』

用高速快门凝固人物精彩瞬间

如果拍摄静态人物，使用 1/8s 左右的快门速度就可以成功拍摄。当然，在这种情况下，很难达到安全快门速度，此时最好使用三脚架，以保证拍摄到清晰的图像。

如果是拍摄运动人像，那么应根据人物的运动速度来确定快门速度，人物的运动速度越快，快门速度应该越高。如果光线不足的话，还可以通过设置较大的光圈及较高的感光度来获得较高的快门速度。

▶ 使用 1/1000s 的高速快门凝固了女孩纵身跳跃的精彩瞬间『焦距：85mm ┆ 光圈：F2 ┆ 快门速度：1/1000s ┆ 感光度：ISO100』

用侧逆光拍出唯美人像

在拍摄女性人像时，为了将她们美丽的头发从繁纷复杂的场景中分离出来，常常需要借助低角度的侧逆光来制造漂亮的头发光，增加其妩媚动人感。

如果使用自然光拍摄，最佳拍摄时间应该在下午5点左右，这时太阳西沉，距离地平线相对较近，因此照射角度较小，拍摄时让模特背侧向太阳，使阳光以斜向45°照向模特，即可形成漂亮的头发光，看上去好像在发丝上镀上了一层金色的光芒，头发的质感、发型样式都得到了完美表现，模特看起来也更漂亮。

由于模特侧背向光线，因此需要借助反光板或闪光灯为人物正面补光，以表现其光滑、细嫩的皮肤。

▶ 侧逆光打亮了人物头发轮廓，形成了黄色发光，漂亮的发光将女孩柔美的气质很好地凸显出来『焦距：50mm ┆ 光圈：F2.8 ┆ 快门速度：1/320s ┆ 感光度：ISO200』

逆光塑造剪影效果

在利用逆光拍摄人像时，由于在纯逆光的作用下，画面会呈现为被摄体黑色的剪影，因此逆光常用于塑造剪影效果。而在配合其他光线使用时，被摄体背后的光线和其他光线会产生强烈的明暗对比，从而勾勒出人物美妙的线条。正因为逆光具有这种艺术效果，因此逆光也被称为“轮廓光”。

通常采用这种手法拍摄户外人像时，应该使用点测光对准天空较亮的云彩进行测光，以确保天空中云彩有细腻、丰富的细节，人物主体的轮廓线条清晰、优美。

▶ 对天空较亮的区域进行测光，通过锁定曝光，再对剪影处的人物进行对焦，使人物由于曝光不足成为轮廓清晰、优美的剪影『焦距：85mm ┆ 光圈：F5 ┆ 快门速度：1/1600s ┆ 感光度：ISO100』

三分法构图拍摄完美人像

简单来说，三分法构图就是黄金分割法的简化版，是人像摄影中最为常用的一种构图方法，其优点是能够在视觉上给人以愉悦和生动的感受，避免人物居中给人的呆板感觉。

Canon EOS 1300D 相机在实时显示拍摄状态下，通过“拍摄菜单 4”中的“显示网格线”菜单，选择“网格线 1 ⧺”选项，即可在液晶屏中显示可用于进行三分法构图的网格线，我们可以将它与黄金分割曲线完美地结合在一起使用。

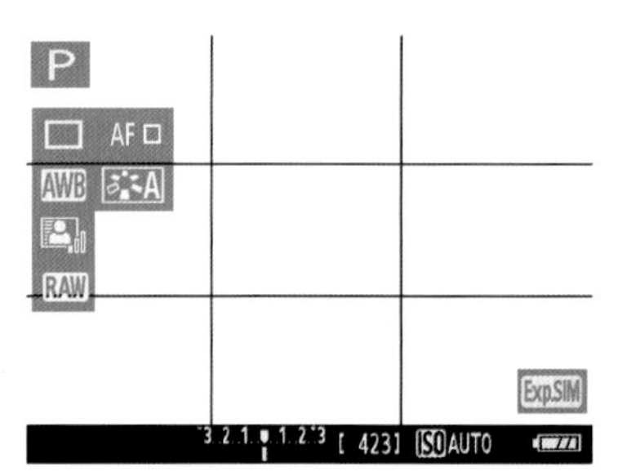

▲ Canon EOS 1300D 在实时显示拍摄模式下可以显示网格线，其中网格线 1 ⧺可以辅助我们轻松地进行三分法构图

▲ 采用横向构图拍摄人像时，可将模特置于画面的 1/3 处，这样的画面看起来比较舒服『焦距：200mm ┊ 光圈：F5.6 ┊ 快门速度：1/200s ┊ 感光度：ISO200』

对于纵向构图的人像而言，通常是以眼睛作为三分法构图的参考依据。当然，随着拍摄面部特写到全身像的范围变化，构图的依据也略有不同。

▶ 在对人物头部进行特写拍摄时，通常会将人物眼睛置于画面的三分线附近『焦距：50mm ┊ 光圈：F2.8 ┊ 快门速度：1/500s ┊ 感光度：ISO160』

S 形构图表现女性柔美的身体曲线

S 形线条也被称为美丽的线条，在拍摄女性时，这种构图方法尤其常用，用以表现女性柔美的身材曲线。S 形构图中弯曲的线条朝哪一个方向是有讲究的，且弯曲的力度越大，所表现出来的力量也就越大，所以，在人像摄影中，用来表现身体曲线的 S 形线条的弯曲程度都不应太大，否则被摄对象要很用力，从而影响其他部位的表现。

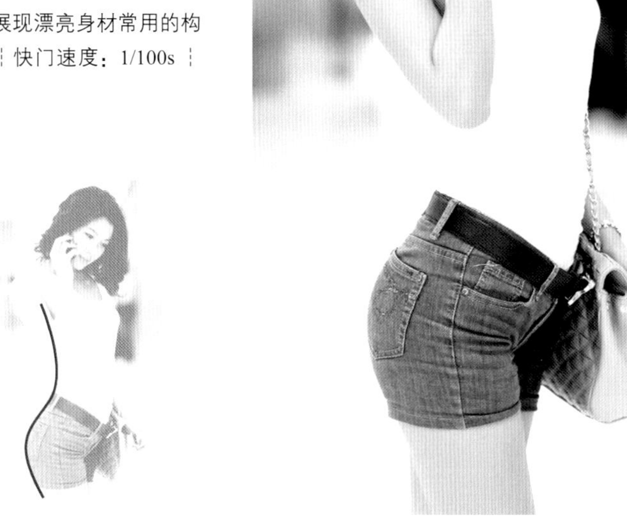

▶ S 形构图是表现女性特有的妩媚，展现漂亮身材常用的构图形式『焦距：70mm ┆ 光圈：F2.8 ┆ 快门速度：1/100s ┆ 感光度：ISO400』

▲ 15 种构图法则剖析教学视频

使用道具营造人像照片的氛围

为了使画面更具有某种气氛，一些辅助性的道具是必不可少的，例如婚纱、女性写真人像摄影中常用的鲜花、阴天拍摄时用的雨伞。这些道具不仅能够为画面增添气氛，还可以使人像摄影中较难处理的双手呈现较好的姿势。

道具的使用不但可以营造出一种更加生动的氛围，还可以起到修饰、掩饰的作用，如面具、礼帽、艺术眼罩、假发等，可以根据模特自身的不足，利用这些道具掩饰其瑕疵之处，使画面更精美、悦目。

▶ 摄影师选择了开花的树旁边进行拍摄，同时模特头上戴的花环、手中拿的布偶熊，都使画面的风格更为甜美『焦距：135mm ┆ 光圈：F3.2 ┆ 快门速度：1/125s ┆ 感光度：ISO100』

禁用闪光灯以保护儿童的眼睛

闪光灯的瞬间强光对儿童尚未发育成熟的眼睛有害，因此，为了他们的健康着想，拍摄时一定不要使用闪光灯。

在室外拍摄时通常比较容易获得充足的光线，而在室内拍摄时，应尽可能打开更多的灯或选择在窗户附近光线较好的地方，以提高光照强度，然后配合高感光度、镜头的防抖功能及倚靠物体等方法，保持相机的稳定。

▲ 在室内拍摄儿童时尽量不要使用闪光灯，以避免伤害儿童的眼睛。为了获得曝光正常的照片，可在窗户附近拍摄或适当提高感光度『焦距：35mm ¦ 光圈：F3.2 ¦ 快门速度：1/320s ¦ 感光度：ISO400』

用玩具吸引儿童的注意力

儿童摄影非常重视道具的使用，这些东西能够吸引孩子的注意力，让他们表现出更自然、真实的一面。很多生活中常见的东西，只要符合孩子们的兴趣，都可以成为道具，这样，拍摄出来的照片气氛更活跃，内容更丰富，也更有意思。

▶ 孩子看到玩具，简直就是爱不释手，抱起玩具就完全进入了自己的世界『焦距：70mm ¦ 光圈：F7.1 ¦ 快门速度：1/160s ¦ 感光度：ISO400』

利用特写记录儿童丰富的面部表情

儿童的表情总是非常自然、丰富的，也正因为如此，儿童面部才成为很多摄影师喜欢拍摄的题材。在拍摄时，儿童明亮、清澈的眼睛是摄影师需要重点表现的部位。

▶ 摄影师抓拍到了小孩哭泣的表情，画面生动而有趣『焦距：50mm ┆ 光圈：F4 ┆ 快门速度：1/125s ┆ 感光度：ISO100』

增加曝光补偿表现儿童娇嫩肌肤

绝大多数儿童的皮肤都可以用“剥了壳的鸡蛋”来形容，在实际拍摄时，儿童的面部也是需要重点表现的部位，因此，如何表现儿童娇嫩的肌肤，就是每一个专业儿童摄影师甚至家长应该掌握的技巧。

首先，给儿童拍摄时应尽量使用散射光，在这样的光线下拍摄儿童，由于光比不大，因此不会出现浓重的阴影，画面整体影调很柔和，儿童的皮肤看起来也更细腻、娇嫩。

其次，可以在拍摄时增加曝光补偿，即在正常测光数值的基础上，适当地增加0.3~1挡曝光补偿，这样拍摄出来的照片会显得更亮、更通透，儿童的皮肤也更加粉嫩、白皙。

▶ 在散射光下，孩子的脸上没有明显的阴影，增加0.3挡曝光补偿，可将其细腻的皮肤很好地表现出来『焦距：100mm ┆ 光圈：F2.8 ┆ 快门速度：1/250s ┆ 感光度：ISO200』

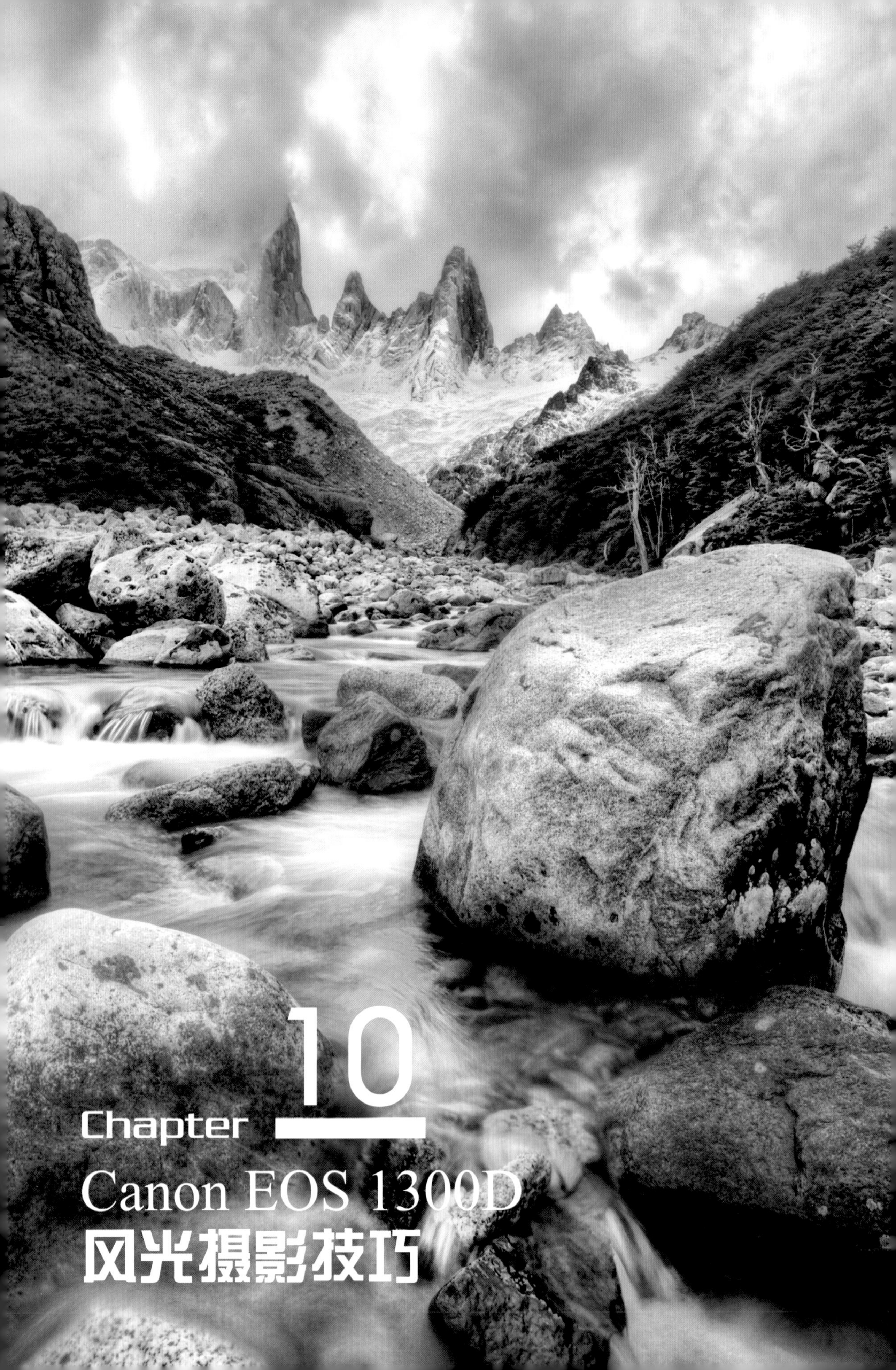

Chapter 10 Canon EOS 1300D 风光摄影技巧

拍摄山峦的技巧

连绵起伏的山峦，是众多风光题材中最具视觉震撼力的。虽然要拍摄出成功的山峦作品，需要付出更多的辛劳和汗水，但还是有非常多的摄影爱好者乐此不疲。

用云雾表现山的灵秀飘逸

山与云雾总是相伴相生，各大名山的著名景观中多有“云海”，例如黄山、泰山、庐山，都能够拍摄到很漂亮的云海照片。云雾笼罩山体时其形体就会变得模糊不清，在隐隐约约之间，山体的部分细节被遮挡，在朦胧之中产生了一种不确定感，拍摄这样的山脉，会使画面产生一种神秘、缥缈的意境，山脉也因此更具灵秀感。

如果只是拍摄飘过山顶或半山的云彩，只需要选择合适的天气即可，高空中的流云在风的作用下，会与山产生时聚时散的效果，拍摄时多采用仰视的角度。

如果拍摄的是山间云海的效果，应该注意选择较高的拍摄位置，以至少平视的角度进行拍摄，在选择光线时，应该采用逆光或侧逆光，同时注意对画面做正向曝光补偿。

▲ 山间的云雾为山体增加了缥缈的神秘感，使整个画面兼具形式美感与意境美感『焦距：18mm ┆ 光圈：F16 ┆ 快门速度：1/60s ┆ 感光度：ISO200』

用前景衬托山峦表现季节之美

在不同的季节里，山峦会呈现出不一样的景色。

春天的山峦在鲜花的簇拥之中显得美丽多姿；夏天的山峦被层层树木和小花覆盖，显示出了大自然强大的生命力；秋天的红叶使山峦显得浪漫、奔放；冬天山上大片的积雪又让人感到寒冷和宁静。可以说四季之中，山峦各有不同的美感，只要寻找合适的拍摄角度即可。

拍摄不同季节的山峦时，要注意通过构图方式、景别、前景或背景衬托等形式体现出山峦的特点。

▲ 岸边的花草及静静的河水衬托着远山，说明此刻正是生机勃勃的季节『焦距：35mm ┆ 光圈：F9 ┆ 快门速度：1/250s ┆ 感光度：ISO100』

用光线塑造山峦的雄奇伟峻

在有直射阳光的时候，采用侧光拍摄有利于表现山峦的层次感和立体感，明暗分明的层次使画面更加富有活力。如果能够遇到日照金山的光线，将是非常难得的拍摄良机。

采用侧逆光并对亮处进行测光，拍摄山体的剪影照片，也是一种不错的表现山峦的方法。在侧逆光的照射下，山体往往有一部分处于光照之中，因此不仅能够表现出明显的轮廓线条和山体的少部分细节，还能够在画面中形成漂亮的光线效果，因此是比逆光更容易出效果的光线。

▲ 斜阳的一抹余光，将雪山的色调一下子变得强烈起来，而使用侧光拍摄也可以将山体衬得更加坚实『焦距：300mm ┆ 光圈：F10 ┆ 快门速度：1/200s ┆ 感光度：ISO400』

▲ 8 种风光摄影技巧教学视频

▶ 采用侧逆光俯视拍摄山脉，光线与雾的结合将山体的轮廓很好地表现出来，若隐若现的山脉好似一幅中国山水画，将山脉的雄伟气势表现得淋漓尽致『焦距：200mm ┆ 光圈：F8 ┆ 快门速度：1/160s ┆ 感光度：ISO200』

Q&A

EOS 1300D

Q：如何拍出色彩鲜艳的图像？

A：可以在“照片风格”菜单中选择色彩较为鲜艳的“风光”风格选项。

如果想要使色彩看起来更为艳丽，可以加强“饱和度”选项的数值；另外，加强“反差”选项的数值也会使照片的色彩更为鲜艳。不过需要注意的是，在调节数值时不能过大，避免出现色彩失真的现象，导致画面细节损失。

Q：如何平衡画面中的高亮部分与阴影部分？

A：开启相机内的“自动亮度优化”功能。此功能能够自动调整亮部与暗部的细节，调整出最佳亮度与反差。

拍摄溪流与瀑布的技巧

用不同快门速度表现不同感觉的溪流与瀑布

要拍摄出如丝般质感的溪流与瀑布，拍摄时应使用较慢的快门速度。为了防止曝光过度，应使用较小的光圈来拍摄，如果还是曝光过度，应考虑在镜头前加装中灰滤镜，这样拍摄出来的瀑布是雪白的，就像丝绸一般。

由于使用的快门速度很慢，所以在拍摄时要使用三脚架保持相机的稳定。除了用慢速快门外，还可以用高速快门在画面中凝固瀑布水流跌落的美景，虽然谈不上有大珠小珠落玉盘之感，却也能很好地表现瀑布的势差与水流的奔腾之势。

▲ 摄影师采用大视角俯视拍摄，将皮筏划过瀑布的瞬间记录下来，场景与皮筏形成了强烈的大小对比，从而直观地将瀑布的壮美气势呈现在观者眼前『焦距：200mm ┆ 光圈：F7.1 ┆ 快门速度：1/500s ┆ 感光度：ISO500』

▲ 通过安装中灰镜来降低镜头的进光量，从而使用较慢的快门速度将水流拍得像丝绸般顺滑、美丽『焦距：24mm ┆ 光圈：F18 ┆ 快门速度：2s ┆ 感光度：ISO100』

通过对比突出瀑布的气势

在没有对比的情况下，很难通过画面直观判断一个事物的体量，因此，如果在拍摄瀑布时希望体现出瀑布宏大的气势，就应该通过在画面中加入容易判断大小体量的画面元素，从而通过大小对比来凸显瀑布的气势，最常见、常用的元素就是瀑布周边的旅游者或小船。

▲ 将游人纳入画面，观者通过对比就能很容易地判断出瀑布的体量『焦距：24mm ┆ 光圈：F8 ┆ 快门速度：1/250s ┆ 感光度：ISO200』

拍摄日出、日落的技巧

日出、日落是许多摄影爱好者最喜爱的拍摄题材之一，在各类获奖摄影作品中，也不乏以此为拍摄主题的作品，但由于太阳是最亮的光源，无论是测光还是曝光都有一定难度，因此，如果不掌握一定的拍摄技巧，很难拍摄出漂亮的日出、日落照片。

选择正确的曝光参数是成功的开始

拍摄日出、日落时，较难掌握的是曝光控制，日出、日落时，天空和地面的亮度反差较大，如果对准太阳测光，太阳的层次和色彩会有较好的表现，但会导致云彩、天空和地面上的景物曝光不足，呈现出一片漆黑的景象；而对准地面景物测光，会导致太阳和周围的天空曝光过度，从而失去原有色彩和层次。

正确的曝光方法是使用点测光模式，对准太阳附近的天空进行测光，这样不会导致太阳曝光过度，而天空中的云彩也有较好的表现。

最保险的做法是在标准曝光量的基础上，增加或减少一挡或半挡曝光补偿，再拍摄几张照片，以增加挑选的余地。如果没有把握，不妨使用包围曝光法，以避免错过最佳拍摄时机。

一旦太阳开始下落，光线的亮度将明显下降，很快就需要使用慢速快门进行拍摄，这时若用手托举着长焦镜头会很不稳定，因此，拍摄时一定要使用三脚架。

在拍摄日出时，随着时间的推移，所需要的曝光数值会越来越小；而拍摄日落则恰恰相反，所需要的曝光数值会越来越大，因此，在拍摄时应该注意随时调整曝光数值。

▼ 采用逆光拍摄时，可针对画面的中灰部分测光，使画面过亮的地方不会过曝，画面细节较丰富『焦距：18mm ┆ 光圈：F16 ┆ 快门速度：1/3s ┆ 感光度：ISO100』

善用 RAW 格式为后期处理留有余地

大多数初学者在拍摄日出、日落场景时，得到的照片要么是一片漆黑，要么是一片亮白，高光部分完全没有细节。

因此，对于摄影爱好者而言，除了在测光与拍摄技巧上要加强练习外，还可以在拍摄时为后期处理留有余地，以挽回这种可能“报废”的片子，即将照片的保存格式设置为 RAW 格式，或者 RAW+JPEG 格式，这样拍摄后就可以对照片进行更多的后期处理，以便得到最漂亮的照片。

在后期处理时，可以通过调整照片的曝光量、白平衡来得到效果不同的日出、日落照片。

▶ 通过后期，使天空与水面的曝光得到均衡『焦距：18mm ┆ 光圈：F5.6 ┆ 快门速度：1/250s ┆ 感光度：ISO200』

用云彩衬托太阳使画面更辉煌

在拍摄日出、日落时，云彩有时是最主要的表现对象，无论是日在云中还是云在日旁，在太阳的照射下，云彩都会表现出异乎寻常的美丽，从云彩中间或旁边透射出的光线更应该是重点表现的对象。因此，拍摄日出、日落的最佳季节是春、秋两季，此时云彩较多，可增加画面的艺术感染力。

针对太阳周边的云彩进行测光，拍摄出具有放射状的光芒效果，画面更有视觉冲击力『焦距：17mm ┆ 光圈：F14 ┆ 快门速度：1/2s ┆ 感光度：ISO100』

拍摄冰雪的技巧

运用曝光补偿准确还原白雪

由于雪的亮度很高，如果按照相机给出的测光值曝光，会造成曝光不足，使拍摄出的雪呈灰色，所以拍摄雪景时一般都要使用曝光补偿功能对曝光进行修正，通常需增加 1～2 挡曝光补偿。并不是所有的雪景都需要进行曝光补偿，如果所拍摄的场景中白雪的面积较小，则无需进行曝光补偿。

◀ 在拍摄雪景时增加 1 挡曝光补偿，可使画面的色彩和层次都有较好的表现『焦距：24mm ┆ 光圈：F9 ┆ 快门速度：1/100s ┆ 感光度：ISO100』

用白平衡塑造雪景的个性色调

在拍摄雪景时，摄影师可以结合实际环境的光源色温进行拍摄，以得到洁净的纯白影调、清冷的蓝色影调或铺上金黄的冷暖对比影调，也可以结合相机的白平衡设置来获得独具创意的画面影调效果，以服务于画面的主题。

高手点拨：如果使用预设白平衡无法得到令人满意的画面色调，可以尝试通过手调色温来调整画面的色调，所设置的色温值越小，则所拍摄出来的画面冷调效果越明显。

◀ 设置荧光灯白平衡模式营造的蓝色画面透着一股幽幽的寒气，很好地将冬季寒冷的感觉表现出来『焦距：35mm ┆ 光圈：F11 ┆ 快门速度：1/60s ┆ 感光度：ISO100』

拍摄花卉的技巧

用水滴衬托花朵的娇艳

在早晨的花园、森林中能够发现无数出现在花瓣、叶尖、叶面、枝条上的露珠，在阳光下显得晶莹闪烁、玲珑可爱。拍摄带有露珠的花朵，能够表现出花朵的娇艳与清新的自然感。

要拍摄有露珠的花朵，最好用微距镜头以特写的景别进行拍摄，使分布在叶面、叶尖、花瓣上的露珠不但给人一种雨露滋润的感觉，还能够在画面中形成奇妙的光影效果。景深范围内的露珠清晰明亮、晶莹剔透；而景深外的露珠却形成一些圆形或六角形的光斑，装饰美化着背景，给画面平添了几分情趣。

如果没有拍摄露珠的条件，也可以用小喷壶对着花朵喷几下，从而使花朵上沾满水珠。

▲ 10 种花卉拍摄技巧教学视频

▶ 采用人工喷水的方法使花瓣布上了一层均匀的小水滴，让鲜花显得更加娇艳，拍摄时为了使水滴看上去更透亮，增加了 1/3 挡曝光补偿『焦距：100mm ┆ 光圈：F8 ┆ 快门速度：1/160s ┆ 感光度：ISO100』

逆光拍出有透明感的花瓣

运用逆光拍摄花卉时，可以清晰地勾勒出花朵的轮廓线。如果所拍摄的花瓣较薄，则光线能够透过花瓣，使其呈现出透明或半透明效果，从而更细腻地表现出花的质感、层次和花瓣的纹理。

拍摄时要用闪光灯、反光板进行适当的补光，以点测光模式对透明的花瓣测光，以花的亮度为基准进行曝光。

▲ 采用逆光拍摄，透明的花卉给人很梦幻的感觉『焦距：70mm ┆ 光圈：F4 ┆ 快门速度：1/1000s ┆ 感光度：ISO100』

Chapter 11 Canon EOS 1300D 动物摄影技巧

将拍摄重点放在昆虫的眼睛上

昆虫的眼睛有两种，一种是复眼，每只复眼都是由成千上万只六边形的小眼紧密排列组合而成的；另一种是单眼，单眼结构极其简单，只不过是一个突出的水晶体。从摄影的角度来看，在拍摄昆虫时无论是具有复眼的蚂蚁、蜻蜓、蜜蜂，还是具有单眼结构的蜘蛛，都应该将拍摄的重点放在昆虫的眼睛上。这样不但能够使画面中的昆虫显得更生动，而且还能够让人领略到微距世界中昆虫眼睛的结构之美。

▶ 使用点测光对黄蜂的眼睛进行测光，得到具有强烈感染力的画面『焦距：180mm ┊ 光圈：F11 ┊ 快门速度：1/80s ┊ 感光度：ISO200』

选择合适的光线拍摄昆虫

拍摄昆虫的光线通常以顺光和侧光为佳，顺光拍摄能较好地表现昆虫的色泽，使照片看起来十分鲜艳动人；而侧光拍摄的昆虫富有明暗层次，有着非常不错的视觉效果。

逆光或侧逆光在昆虫摄影中使用也较为频繁，如果运用得好，也可以拍摄出非常精彩的照片，尤其是在拍摄半透明体的昆虫如蝴蝶、蜻蜓、螳螂等时，逆光拍摄的效果非常别致。

▲ 采用逆光拍摄蝴蝶，在深色背景的衬托下，将其半透明状的翅膀表现得很别致『焦距：100mm ┊ 光圈：F7.1 ┊ 快门速度：1/250s ┊ 感光度：ISO400』

选择合适的背景拍摄鸟儿

对于拍摄鸟类来说，最合适的背景莫过于天空和水面。一方面可以获得比较干净的背景，突出被摄体的主体地位；另一方面，天空和水面在表达鸟类生存环境方面比较有代表性，例如，在拍摄鹳、野鸭等水禽时，以水面为背景可以很好地交代其生存的环境。

▶ 以蓝天作为背景拍摄的飞鹰，简单、明了的背景很好地衬托出了飞鹰的身姿『焦距：40mm ┆ 光圈：F8 ┆ 快门速度：1/800s ┆ 感光度：ISO320』

选择最合适的光线拍摄鸟儿和游禽

在拍摄鸟类时，如果其身体上的羽毛较多且均匀，颜色也很丰富，不妨采用顺光进行拍摄，以充分表现其华美的羽翼。

如果光线不够充分，不妨采用逆光的方式进行拍摄，以将其半透明的羽毛拍摄成为环绕身体的明亮的外轮廓线。

如果逆光较强，可以针对天空较明亮处测光，并在拍摄时做负向曝光补偿，从而将鸟儿表现为深黑的剪影效果。

▲ 逆光下使用长焦拍摄，波光粼粼的水面上一只美丽的天鹅羽毛呈半透明状，画面极具美感，不失为一幅好的作品『焦距：200mm ┆ 光圈：F8 ┆ 快门速度：1/250s ┆ 感光度：ISO200』

▶ 使用侧光拍摄鸟儿，立体感及层次感十分突出『焦距：400mm ┆ 光圈：F5.6 ┆ 快门速度：1/400s ┆ 感光度：ISO500』

选择合适的景别拍摄鸟儿

要以写实的手法表现鸟类，可以采取拍摄整体的手法，也可以采取拍摄局部特写的手法。表现整体的优点在于，能够使照片更具故事性，纪实、叙事的意味很浓，能够让观众欣赏到完整优美的鸟类形体。

如果要拍摄鸟类的局部特写，可以将着眼点放在如天鹅的曲颈、孔雀的尾翼、飞鹰的硬喙、猫头鹰的眼睛这样极具特征的局部上，以这样的景别拍出的照片能给人留下深刻的印象。如果用特写表现鸟类的头部，拍摄时应对焦在鸟儿的眼睛上。

▲ 利用全景拍摄鸟儿的整体，突出其飞翔时的动势『焦距：600mm ┆ 光圈：F7.1 ┆ 快门速度：1/1250s ┆ 感光度：ISO640』

▼ 要用特写的景别拍摄别具特色的鸟儿头部，纤毫毕现的头部给人极强的视觉冲击力『焦距：300mm ┆ 光圈：F5 ┆ 快门速度：1/400s ┆ 感光度：ISO200』

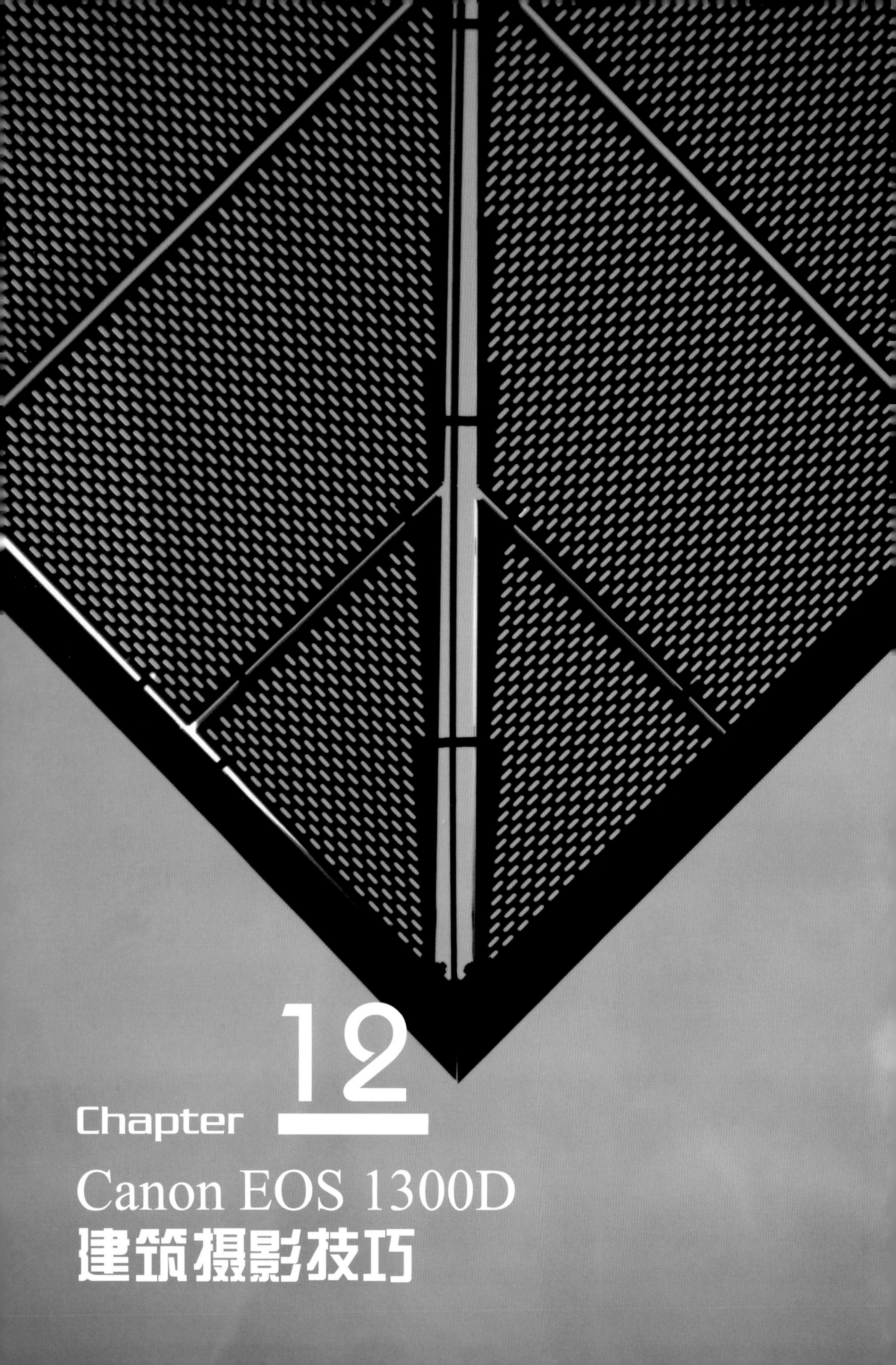

Chapter 12

Canon EOS 1300D 建筑摄影技巧

合理安排线条使画面有强烈的透视感

拍摄建筑题材作品时，如果要保证画面有真实的透视效果与较大的纵深空间，可以根据需要寻找合适的拍摄角度和位置，并充分利用透视规律。

在建筑物中选取平行的轮廓线条，如桥索、扶手、路基，使其在远方交汇于一点，从而营造出强烈的透视感，这样的拍摄手法在拍摄隧道、长廊、桥梁、道路等题材时最为常用。

如果所拍摄的建筑物体量不够宏伟、纵深不够大，可以利用广角镜头夸张强调建筑物线条的变化，或在构图时选取排列整齐、变化均匀的对象，如一排窗户、一列廊柱、一排地面的瓷砖等。

▶ 采用广角镜头以近乎垂直的角度仰视拍摄，使罗马柱的线条形成强烈的透视效果，画面的有趣之处在于，左侧现代的玻璃建筑与右侧古典气息的建筑似乎在对话，画面体现了现代文明对古典文明的融合『焦距：18mm ¦ 光圈：F7.1 ¦ 快门速度：1/80s ¦ 感光度：ISO400』

用侧光增强建筑的立体感

利用侧光拍摄建筑时，建筑外立面的屋脊、挑檐、外飘窗、阳台均能够形成强烈的明暗对比，因此能够很好地突出建筑的立体感。

此时最好以斜向45°进行拍摄，从正面或背面拍摄时，由于只能够展示一个面，因此不会获得理想的立体效果。

▶ 温暖的阳光从侧面照向建筑，为其染上了一层金色，并使建筑显得更有立体感『焦距：85mm ¦ 光圈：F10 ¦ 快门速度：1/250s ¦ 感光度：ISO320』

逆光拍摄勾勒建筑优美的轮廓

逆光对于表现轮廓分明、结构有形式美感的建筑非常有效，如果要拍摄的建筑环境比较杂乱且无法避让，摄影师就可以将拍摄的时间安排在傍晚，用天空的余光将建筑拍成剪影。

此时，太阳即将落下、夜幕将至、华灯初上，拍摄出来的剪影建筑画面中不仅有大片的深色调，还有星星点点的色彩与灯光，使画面明暗平衡、虚实相衬，而且略带神秘感，能够引发观众的联想。

在具体拍摄时，只需要针对天空中的亮处进行测光，建筑物就会由于曝光不足而呈现为黑色的剪影效果。如果按此方法得到的是半剪影效果，可以通过降低曝光补偿使暗处更暗，从而使建筑物的轮廓外形更明显。

▲ 夕阳西下，以暖色的天空为背景，采用逆光拍摄，使被摄建筑呈现为美妙的剪影效果『焦距：50mm ┆ 光圈：F8 ┆ 快门速度：1/125s ┆ 感光度：ISO100』

通过对比突出建筑的体量感

在没有对比的情况下，很难通过画面直观判断出某个建筑的体量。

因此，如果在拍摄建筑时希望体现出建筑宏大的气势，就应该通过在画面中加入容易判断大小体量的画面元素，从而通过大小对比来表现建筑的气势，最常见的元素就是建筑周边的行人或者大家比较熟知的其他小型建筑。

总而言之，就是用大家知道的景物来对比判断建筑物的体量。

▲ 以画面下方的游人作为对比，更突出了建筑的高大『焦距：35mm ┆ 光圈：F16 ┆ 快门速度：15s ┆ 感光度：ISO100』

用高感光度拍摄建筑精致的内景

在拍摄建筑时，除了拍摄宏大的整体造型及外部细节之外，也可以进入建筑物内部拍摄内景，如歌剧院、寺庙、教堂等建筑物内部都有许多值得拍摄的细节。

由于室内的光线较暗，在拍摄时应注意快门速度的选择，如果快门速度低于安全快门，应适当开大几挡光圈。由于 Canon EOS 1300D 相机的高感光度性能比较优秀，因此最简单有效的方法是使用 ISO1000 甚至 ISO1600 这样的高感光度进行拍摄，从而以较小的光圈、较高的快门速度表现建筑内部的细节。

▲ 10 种建筑摄影技巧教学视频

▶ 拍摄较暗的建筑内景时，可使用大光圈增加镜头的进光量，并适当提高感光度以提高快门速度『焦距：17mm ┆ 光圈：F5 ┆ 快门速度：1/60s ┆ 感光度：ISO1000』

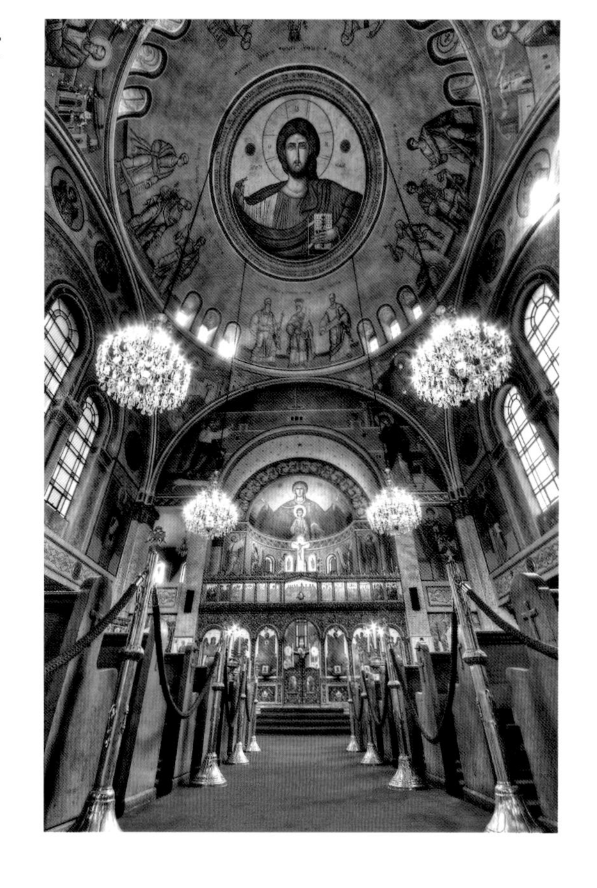

拍摄带有蓝调天空的城市夜景

要表现城市夜景，当天空完全黑下来才去拍摄，并不一定是个好的选择，虽然那时城市里的灯光更加璀璨。

实际上，当太阳刚刚落山，夜幕正在降临，路灯也刚刚开始点亮时，是拍摄夜景的最佳时机。此时天空看起来更加丰富多彩，通常呈现为蓝紫色调，而且在这段时间拍摄夜景，天空的余光能勾勒出天际边被摄体的轮廓。

如果希望拍摄出深蓝色调的夜空，应该选择一个雨过天晴的夜晚，由于大气中的粉尘与灰尘等物质经过雨水的附带而降落到地面，使得天空的能见度提高而变为纯净的深蓝色。

此时，带上拍摄装备去拍摄天完全黑透之前的夜景，会获得十分理想的画面效果，画面将呈现出醉人的蓝色调，仿佛走进了童话故事里的世界。

▲ 在日落后的傍晚拍摄大桥夜景，由于色温较高，因此天空的色调偏冷，为了增强画面的蓝调氛围，使用了色温较低的“荧光灯”白平衡模式『焦距：16mm ┆ 光圈：F16 ┆ 快门速度：6s ┆ 感光度：ISO100』

长时间曝光拍摄城市动感车流

使用慢速快门拍摄车流经过留下的长长的光轨，是绝大多数摄影爱好者喜爱的城市夜景题材。但要拍出漂亮的车灯轨迹，对拍摄技术有较高的要求。

很多摄友拍摄城市夜晚车灯轨迹时常犯的错误是选择在天色全黑时拍摄，实际上应该选择天色未完全黑时进行拍摄，这时的天空有宝石蓝般的色彩，拍出照片中的天空才会漂亮。

如果要让照片中的车灯轨迹呈迷人的 S 形线条，拍摄地点的选择很重要，应该寻找能够看到弯道的地点进行拍摄，如果在过街天桥上拍摄，那么出现在画面中的灯轨线条必然是有汇聚效果的直线条，而不是 S 形线条。

拍摄车灯轨迹一般选择快门优先曝光模式，并根据需要将快门速度设置为 30s 以内的数值（如果要使用超出 30s 的快门速度进行拍摄，则需要使用 B 门）。在不会过曝的前提下，曝光时间的长短与最终画面中车灯轨迹的长度成正比。

使用这一拍摄技巧，还可以拍摄城市中其他有灯光装饰的对象，如摩天轮、音乐喷泉等，使运动对象在画面中形成光轨。

▼ 三脚架配合低速快门的使用，使拍出的城市夜晚车灯轨迹更加璀璨，画面不仅充满了动感，而且还呈现出了十分迷人的效果『焦距：17mm ┆ 光圈：F16 ┆ 快门速度：25s ┆ 感光度：ISO100』

光线摄影